畜禽屠宰操作规程实施指南系列丛书
CHUQIN TUZAI CAOZUO GUICHENG SHISHI ZHINAN

羊屠宰操作指南

YANG TUZAI CAOZUO ZHINAN

中国动物疫病预防控制中心
（农业农村部屠宰技术中心） ◎ 编

U0246081

中国农业出版社
农村读物出版社
北　京

图书在版编目（CIP）数据

羊屠宰操作指南 / 中国动物疫病预防控制中心（农业农村部屠宰技术中心）编 . —北京：中国农业出版社，2019.11（2020.3重印）
（畜禽屠宰操作规程实施指南系列丛书）
ISBN 978-7-109-26244-7

Ⅰ.①羊… Ⅱ.①中… Ⅲ.①羊－屠宰加工－指南
Ⅳ.①TS251.4-62

中国版本图书馆 CIP 数据核字（2019）第 268744 号

中国农业出版社出版
地址：北京市朝阳区麦子店街 18 号楼
邮编：100125
责任编辑：刘 伟 廖 宁
版式设计：杜 然 责任校对：赵 硕
印刷：北京万友印刷有限公司
版次：2019 年 11 月第 1 版
印次：2020 年 3 月北京第 2 次印刷
发行：新华书店北京发行所
开本：700mm×1000mm 1/16
印张：8.25 插页：4
字数：300 千字
定价：58.00 元

丛书编委会

主　任：陈伟生　周光宏

副主任：冯忠泽　高胜普

编　委（按姓名音序排列）：

陈　伟　黄　萍　匡　华　李　琳

孙京新　王金华　臧明伍　张朝明

本书编委会

主　编：高胜普　臧明伍

副主编：张朝明　李　丹

编　者（按姓名音序排列）：

鲍恩东　曹克昌　陈三民　高胜普

关婕葳　韩明山　胡兰英　黄启震

李　丹　李　鹏　李笑曼　李　欣

马　冲　闵成军　单佳蕾　吴玉苹

尤　华　臧明伍　张朝明　张德权

张　杰　张凯华　张宁宁　张劭俣

张新玲　张哲奇　赵秀兰

审　稿（按姓名音序排列）：

曹克昌　高胜普　韩明山　胡兰英

李　欣　闵成军　臧明伍　张朝明

序

　　畜禽屠宰标准是规范屠宰加工行为的技术基础，是保障肉品质量安全的重要依据。近年来，我国加强了畜禽屠宰标准化工作，陆续制修订了一系列畜禽屠宰操作规程领域国家标准和农业行业标准。为加强标准宣贯工作的指导，提高对标准的理解和执行能力，全国屠宰加工标准化技术委员会秘书处承担单位中国动物疫病预防控制中心（农业农村部屠宰技术中心）组织相关大专院校、科研机构、行业协会、屠宰企业等有关单位和专家编写了"畜禽屠宰操作规程实施指南系列丛书"。

　　本套丛书对照最新制修订的畜禽屠宰操作规程类国家标准或行业标准，采用图文并茂的方式，系统介绍了我国畜禽屠宰行业概况、相关法律法规标准以及畜禽屠宰相关基础知识，逐条逐款解读了标准内容，重点阐述了相关条款制修订的依据、执行要点等，详细描述了相应的实际操作要求，以便于畜禽屠宰企业更好地领会和实施标准内容，提高屠宰加工技术水平，保障肉品质量安全。

　　本套丛书包括生猪、牛、羊、鸡和兔等分册，是目前国内首套采用标准解读的方式，系统、直观描述畜禽屠宰操作的图书，可操作性和实用性强。本套丛书可作为畜禽屠宰企业实施标准化生产的参考资料，也可作为食品、兽医等有关专业科研教育人员的辅助材料，还可作为大众了解畜禽屠宰加工知识的科普读物。

前 言

改革开放以来，我国肉羊产业取得了长足发展。目前，随着我国居民生活水平的提高，对羊肉的需求不断增加。但是，相对于国外发达国家同类企业而言，我国羊屠宰加工技术仍良莠不齐，行业集中度和技术规范性有待进一步提高。为进一步规范羊屠宰操作，提升羊屠宰产品品质，提高行业竞争力，农业农村部组织制定了农业行业标准《畜禽屠宰操作规程 羊》（NY/T 3469—2019）。该标准于 2019 年 8 月 1 日发布，于 2019 年 11 月 1 日正式实施。

为便于广大羊屠宰加工从业人员更好地学习、贯彻实施《畜禽屠宰操作规程 羊》（NY/T 3469—2019），更好地指导生产，为消费者提供更多优质的产品，中国动物疫病预防控制中心（农业农村部屠宰技术中心）组织相关大专院校、科研机构、行业协会、屠宰企业等单位的专业人员共同编写了《羊屠宰操作指南》一书。

本书对标准条文进行了深入详细的解读，同时配上相应的图片，进行具体的操作描述，具有通俗易懂、可操作性强的特点。全书共 11 章，前 2 章为羊屠宰的行业概况、羊屠宰相关基础知识。第 3～10 章则对照标准的相应章节，逐条逐款地进行了详细解读，阐述了相关条款制修订的依据、执行要点和实际操作等。第 11 章介绍了羊的分割。本书可作为屠宰企业实施标准化生产的培训资料，也可作为食品、兽医等相关专业科研、教学人员的辅助材料，还可作为大众了解羊屠宰加工知识的科普读物。

在本书编写过程中，中国肉类食品综合研究中心蒙羊牧业股份有限公司及全国屠宰加工标准化技术委员会的专家委员给予了大力帮助与支持，在此表示衷心的感谢。

1

由于时间仓促、水平有限，书中疏漏之处在所难免，恳请读者批评指正。

编　者

2019 年 10 月

/////////////////////////////

第 **1** 章

羊屠宰行业概况

一、羊肉产业现状

1. 全球羊肉加工业发展现状

(1) 全球羊肉总产量　2007—2013 年联合国粮食及农业组织统计数据显示，2007 年以来，全球羊肉产量基本保持了增长态势（2009 年下滑）。2013 年，世界羊肉总产量达 1 393.9 万 t，产量同比增长 3.0%。中国、印度、澳大利亚、新西兰、苏丹是世界羊肉产量位居前五位的国家。2013 年，这五国羊肉产量分别为 409.9 万 t、74.9 万 t、73.1 万 t、45.0 万 t、51.5 万 t，分别占世界总产量的 29.3%、5.4%、5.2%、3.2% 和 3.7%，五国羊肉总产量共占世界总产量的 46.8%。

(2) 全球羊肉进出口现状　根据联合国 UN Comtrade 统计数据，随着世界羊肉总产量的上升，2011 年以来，全球羊肉进出口量也呈逐渐增加态势。羊肉进口贸易中，2017 年全球羊肉总进口量达 109.1 万 t，同比增长 4.8%。从进口国别看，我国是 2017 年世界上最大的羊肉进口国，羊肉进口量达到 24.9 万 t，占世界羊肉总进口量的 22.8%。2017 年，美国、法国进口量位列第二和第三，分别为 12.2 万 t 和 8.9 万 t。中国、美国、法国总进口量占世界羊肉进口量的 42.2%（表 1-1）。

表 1-1　2011—2017 年世界主要国家/地区羊肉进口情况

单位：万 t

国家/地区	2011 年	2012 年	2013 年	2014 年	2015 年	2016 年	2017 年
中国	8.3	12.4	25.9	28.3	22.3	22.0	24.9
美国	8.1	7.9	8.5	9.8	10.4	10.4	12.2
法国	10.9	10.7	10.4	10.2	9.5	8.9	8.9
英国	8.9	8.6	9.9	9.3	9.3	9.0	8.0
阿拉伯联合酋长国		5.2	5.3	5.8	5.9	6.0	6.2

（续）

国家/地区	2011 年	2012 年	2013 年	2014 年	2015 年	2016 年	2017 年
沙特阿拉伯	5.3	5.3	5.1	5.7	6.1	0.0	4.6
德国	4.1	3.2	3.6	3.4	3.8	3.9	4.3
马来西亚	1.8	2.1	2.6	3.1	3.4	3.3	3.9
约旦	2.0	2.8	2.4	2.4	2.8	2.4	2.5
意大利	2.7	2.4	2.5	2.5	2.5	2.5	2.4
世界	86.6	91.2	132.1	116.6	109.1	104.1	109.1

资料来源：UN Comtrade 数据库。

　　羊肉出口贸易中，2017 年全球羊肉总出口量达 120.7 万 t，同比增长 6.3％。从出口国别看，澳大利亚是 2017 年最大的羊肉出口国，羊肉出口量达 45.5 万 t，占世界羊肉出口量的 37.7％；新西兰位列第二位，羊肉出口量为 39.5 万 t。澳大利亚、新西兰羊肉总出口量占世界羊肉出口量的 70.4％（表 1-2）。

表 1-2　2011—2017 年世界主要国家/地区羊肉出口情况

单位：万 t

国家/地区	2011 年	2012 年	2013 年	2014 年	2015 年	2016 年	2017 年
澳大利亚	29.5	35.6	45.0	49.9	45.8	44.2	45.5
新西兰	32.9	35.0	39.9	39.8	40.0	37.0	39.5
英国	10.3	9.4	10.4	10.2	8.0	7.8	9.0
爱尔兰	3.9	4.4	4.3	3.9	4.2	4.9	5.6
西班牙	2.9	3.2	3.4	3.4	3.2	3.5	3.7
荷兰	1.7	1.4	1.7	1.7	1.7	2.4	2.5
印度	1.1	1.2	2.1	2.3	2.2	2.1	2.3
埃塞俄比亚	1.5	1.4	1.3	1.5	1.7	1.7	—
比利时	1.4	1.0	1.3	1.1	1.3	1.3	1.4
世界	97.7	103.6	119.6	124.1	117.7	113.6	120.7

资料来源：UN Comtrade 数据库。

2. 我国羊肉加工业发展现状

　　（1）我国羊肉产量和产业结构　我国是世界上有影响力的肉类生产大国，肉类总产量已经连续 20 多年稳居世界第一。如今，我国肉类产业对促进农牧业生产、发展农村经济、增加农民收入、繁荣城乡市场和保障消费者身体健康发挥着日益重要的作用，成为关系国计民生的重要产业。长期以来，我国羊肉产量保持稳定增长。国家统计局数据显示，2018 年我国羊肉产量 475 万 t，比 2011 年增长 77 万 t（图 1-1）。

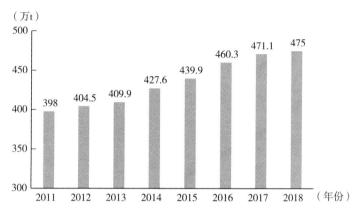

图 1-1　2011—2018 年全国羊肉产量

数据来源：国家统计局。

近年来，我国肉类生产结构不断优化。我国肉类生产结构中猪肉占比最高，其次为禽肉和牛肉，羊肉排在第四位。2017 年，猪肉、禽肉、牛肉、羊肉产量占我国肉类总产量百分比依次为 63.0%、23.0%、7.3%、5.4%。与 2011 年相比，猪肉和牛肉比重有所下降，羊肉、禽肉产量及比重有所提升（2011 年猪肉、禽肉、牛肉、羊肉比重依次为 63.5%、21.5%、8.1%、4.9%）。该比重既符合"坚持猪业稳定发展，禽业积极发展，牛羊业加快发展"的政策方针，也反映了当下我国居民多元化的肉类消费需求，同世界肉类品种总体结构的变化趋势也有一定契合度（2013年世界肉类品种结构中，猪肉、禽肉、牛肉、羊肉、杂畜肉比重分别为 36.4%、35%、20.6%、4.5%、3.5%）。

从区域分布看，我国羊的畜牧养殖地较为集中。从畜牧养殖情况看，羊饲养量第一梯队是内蒙古和新疆，2017 年底羊存栏数都达到了 4 000 万头以上；第二梯队是甘肃、山东、河南、四川、青海、云南、河北和西藏，2017 年底羊存栏数都在 1 100 万头以上。与猪、牛相比，羊的饲养地更为集中，2017 年底羊存栏数位于第一和第二梯队的省份占全国羊存栏数的 73.7%（表 1-3）。

从 2017 年各省份羊肉生产情况看，羊的屠宰加工主要在畜牧养殖主产地开展。羊肉产量前五的省份分别是内蒙古、新疆、山东、河北和四川，

2017 年这五省份羊肉产量都在 27 万 t 以上，只有河北、四川这 2 个省份与存栏数前五省份不同。我国羊的屠宰加工集中度也较高，2017 年羊肉产量前十省份占全国比重为 74.72%，高于生猪和牛肉产量的情况（表 1-4）。

表 1-3 2011—2017 年全国羊饲养量位于第一和第二梯队的省份羊存栏数

梯队	省份	2011 年	2012 年	2013 年	2014 年	2015 年	2016 年	2017 年
第一梯队	内蒙古，万头	5 276.0	5 144.1	5 239.2	5 569.3	5 777.8	5 506.2	6 111.9
	新疆，万头	3 016.4	3 502.0	3 663.2	3 884.0	3 995.7	3 915.4	4 317.9
第二梯队	甘肃，万头	1 757.1	1 788.7	1 825.4	1 960.5	1 939.5	1 877.4	1 839.9
	山东，万头	2 150.9	2 163.8	2 158.1	2 174.6	2 235.7	2 197.7	1 754.0
	河南，万头	1 865.0	1 827.7	1 830.6	1 886.0	1 926.0	1 858.6	1 682.0
	四川，万头	1 661.7	1 671.9	1 689.2	1 750.7	1 782.3	1 761.3	1 599.3
	青海，万头	1 497.5	1 446.3	1 460.2	1 457.1	1 435.0	1 390.7	1 387.4
	云南，万头	900.9	913.5	929.1	1 008.0	1 057.4	1 043.7	1 240.2
	河北，万头	1 457.2	1 413.5	1 455.1	1 526.4	1 450.1	1 386.8	1 228.1
	西藏，万头	1 646.1	1 525.9	1 558.6	1 457.1	1 496.0	1 437.7	1 105.3
总计，万头		21 228.8	21 397.4	21 808.7	22 673.7	23 095.5	22 375.3	22 266.0
占全国比重，%		75.2	75.1	75.1	74.8	74.3	74.3	73.7
全国总计，万头		28 235.8	28 504.1	29 036.6	30 314.9	31 099.7	30 112.0	30 231.7

资料来源：国家统计局。

表 1-4 2017 年羊肉产量排名前十省份近年来羊肉产量

序号	省份	2011 年	2012 年	2013 年	2014 年	2015 年	2016 年	2017 年
1	内蒙古，万 t	87.2	88.6	88.8	93.3	92.6	99.0	104.1
2	新疆，万 t	46.4	48.0	49.7	53.6	55.4	58.3	58.2
3	山东，万 t	32.5	33.1	33.7	36.0	37.1	38.4	36.0
4	河北，万 t	28.4	28.7	29.1	30.4	31.7	32.4	30.1
5	四川，万 t	23.9	24.0	24.5	25.3	26.3	26.9	27.2
6	河南，万 t	24.8	24.8	24.8	25.4	25.9	26.4	26.1
7	甘肃，万 t	16.8	17.2	16.6	17.9	19.6	21.1	22.8
8	云南，万 t	13.0	18.2	14.0	14.6	15.0	15.1	18.1
9	安徽，万 t	14.2	14.6	15.0	15.5	16.6	17.3	16.5
10	黑龙江，万 t	11.8	12.1	11.8	11.9	12.3	12.8	12.9
总计，万 t		299.0	309.3	308.0	323.9	332.5	347.7	352.0
占全国比重，%		76.1	77.1	75.5	75.6	75.4	75.7	74.72
全国总计，万 t		393.1	401.0	408.1	428.2	440.8	459.4	471.1

资料来源：国家统计局。

（2）我国羊肉进出口现状 近年来，我国肉类产业发展受人口、资源、环境等因素的制约，不能完全满足国内市场对肉类产品日益增长的需求，肉类进口需求量快速增加，羊肉进出口贸易格局也发生较大变化。进口方面，羊肉进口量从2011年的8.3万t迅速增加至2018年的30.5万t。出口方面，羊肉出口量则从2011年的0.8万t降至2018年的0.2万t。2018年净进口量高达30.3万t，贸易逆差显著扩大（图1-2）。

图1-2　2011—2018年我国羊肉进出口变化情况

资料来源：UN Comtrade数据库，SITC分类第四版。

（3）我国羊肉供需现状 从羊肉供应方面看，我国羊肉供应仍偏紧。我国是全球最大的羊肉消费国，但长久以来居民消费呈现"重猪肉、轻牛羊"的结构，消费者更倾向于购买、食用猪肉补充动物性蛋白，羊肉消费占肉类消费的比重较低。随着居民收入的增加、生活水平的提高，羊肉的消费量不断增加，特别是城镇化带来城乡人口二元结构的调整，城市常住人口的膨胀促使羊肉高档肉消费增加。国家统计局数据显示，2013年我国居民家庭羊肉人均消费量为0.9kg，2017年上升至1.3kg。羊肉平均消费量上升，但羊肉消费仍存在城乡、地区差异大的特征。各地羊肉消费习惯不同，西北地区和华北地区居民羊肉消费量相对较高。2017年，新疆、内蒙古、青海和宁夏居民人均羊肉消费量分别达11.7kg、8.9kg、7.1kg和4.7kg。城镇居民羊肉消费量长期高于农村，2017年我国城镇居民人均羊肉消费量1.6kg，农村居民人均消费羊肉1.0kg。近年来，农村居民人均羊肉消费量增幅较大，与城镇居民羊肉消费量的差距不断缩小。

世界银行预测，到2030年，中国城镇化水平将达68%，未来我国羊肉的消费量还有较大的增长空间。据估计，我国牛羊肉每年缺口在230万t左右。而我国肉羊畜牧养殖业的发展受到生产成本、动物疫病、环境保护等方面的制约，羊肉供应面临长期挑战。

从产品形式看，我国羊肉产品存在低端供给过剩、高端供给不足的现状。冷鲜肉具有营养丰富、口感鲜嫩和卫生安全等特点，在发达国家占肉制品市场 90% 以上的份额，但我国冷鲜肉市场份额仍处于较低水平；冷链流通比例约 15%，冷链物流各环节缺乏系统化、规范化、连贯性的运作；产品同质化问题仍较为突出，产品创新能力不足；深加工产品少，副产品综合利用产品种类较少、附加值低。

随着我国羊肉产业的发展，近年来，我国羊肉产品细分程度不断加深，深加工产品比例不断上升，新产品不断涌现。除羊肉精细分割产品外，为满足涮肉的消费需求，羊肉卷产品及羊杂深加工副产品发展势头良好。未来，随着冷鲜羊肉、羊肉制品加工及保鲜技术的提升，冷链系统的不断完善，冷鲜肉和小包装分割羊肉的市场将不断增长，逐步形成以冷鲜肉，鲜、冻分割品，调理肉制品为主体的羊肉消费市场。

从消费方式来看，羊肉消费以生鲜消费和餐饮消费为主。羊肉的餐饮消费以火锅、烧烤和西餐为主。其中，西餐厅中的羊肉消费是近年来兴起的消费方式，约 20% 的羊排消费在西餐厅中。

(4) 我国羊肉食品安全现状 近年来，我国肉类食品合格率保持较高水平。2018 年，我国肉制品合格率为 97.5%，与 2017 年持平。随着国家食品安全监管体制改革的深入，肉类食品安全监管得到加强，协调联动成效初步显现。农业农村部与国家市场监督管理总局加大了对我国畜禽食品和农药、兽药残留的监督抽检与风险监测，各地公安机关持续深入开展以食品领域为重点的打假"利剑"行动，企业生产经营行为得到了进一步规范，生产条件和经营环境更加符合食品安全和卫生要求。

但是，我国肉类食品依然存在产业链长、风险因素多、安全监管难等问题。其中，羊屠宰企业多为中小企业，屠宰操作过程还不够规范，技术装备水平偏低，检疫与产品检测能力较为薄弱，仍存在一些影响羊肉质量安全的隐患。目前，微生物污染、兽药残留是造成羊肉不合格的主要原因，特别是羊肉中菌落总数、大肠菌群等微生物指标不合格，以及羊肉检出"瘦肉精"。为保障安全、优质羊肉产品的供应，有必要大力提高我国羊屠宰企业的标准化、规范化水平。

二、羊屠宰行业现状

1. 发达国家羊屠宰行业现状

发达国家羊屠宰加工业集中度高。在养殖场规模化发展的同时，发达国家屠宰加工企业纵向一体化程度加深，屠宰加工业集中度逐渐增强。在澳大利亚、新西兰、欧盟等地区羊肉加工技术和装备水平先进，现代化运营能力强。羊屠宰过程中自动化应用普遍，尤其是吊挂、剥皮、分割后部位肉传送、物流配送、副产品加工等环节自动化程度较高。近年来，羊胴体的智能化分割逐渐兴起。

以澳大利亚为例，澳大利亚每年大约屠宰 3 200 万只羊羔和绵羊，包括用于出口的羊。在澳大利亚从事羊屠宰加工，必须由政府批准，硬件和软件达到条件才许可。除农民自食可以宰杀外，其余均由加工企业屠宰。澳大利亚羊的加工企业整体数量较少，但是标准化程度很高。如昆士兰是澳大利亚最大的肉羊生产地区，但牛羊屠宰加工厂仅十余家。

在发达国家，肉类加工机械行业已经发展成为一个完整的工业体系，加工设备的机械化、自动化、智能化程度很高，产值相当可观。不断运用新原理、新技术、新工艺、新材料，促进了发达国家肉类机械工业的发展，也推动了肉类产品质量安全的提升。

2. 我国羊屠宰行业现状

我国羊屠宰行业发展大致可分为 3 个阶段。第一阶段，中华人民共和国成立至 20 世纪 70 年代，为起步阶段。从中华人民共和国成立至 20 世纪 60 年代，全国羊屠宰业基本沿袭着"一把刀、一口锅"的简陋生产方式。1953 年 12 月，我国取消了私人屠宰商，由原商业部组织成立中国食品公司，负责统一领导全国副食品供应工作。1954 年 1 月，中国食品公司正式成立。1955 年 8 月，国务院发布《国务院关于统一领导屠宰场及场内卫生和兽医工作的规定》，将分散在农业、卫生、供销、外贸等部门的屠宰场统一划归商业部所属的中国食品公司及分支机构领导。这一时期我国开始学习借鉴先进国家牲畜屠宰工艺，逐步引进了先进的牲畜屠宰加工机械设备。第二阶段，改革开放到 20 世纪末，为提速发展阶段。改革开放促进了肉类产业的快速发展，其间大量国营肉联厂改制，一批新型的羊屠宰加工企业开始出现，自动化屠宰工艺和机械化屠宰设备得以快速推广。据 1996 年统计数据，我国羊的年屠宰加工能力为 3 700 万只。第三阶段是 2000 年至今，为开拓发展阶段。我国羊屠宰加工行业发展以市场为导向，立足资源优势，在政策的推动下逐步向羊优势主产区和主要消费区集聚，行业集中度逐步提高，屠宰加工的自动化、标准化水平进一步提升。

当前，我国羊屠宰与加工技术正逐渐成熟，成套屠宰设备、电致昏设备、机械剥皮设备等大量现代化屠宰加工设备的引进和一些新技术在屠宰加工领域广泛应用，使得我国的羊屠宰水平大幅提高。羊屠宰加工业产业

升级、品牌建设力度增强。各大企业不断提升产品质量控制力度，严格控制羊的来源，严把检验检疫关，引入先进的屠宰加工设备，提高屠宰加工效能，开展屠宰各环节标准化、规范化管理，建立 HACCP 等体系，不断加强物流和销售环节控制，通过提高精深加工产品比例来丰富产品种类。

但是，我国羊屠宰行业仍存在一些问题。第一，我国羊屠宰行业集中度低，现代化运营能力不强。羊屠宰企业两极分化严重，大型现代化羊屠宰企业数量占比在 10% 以下。第二，大型羊屠宰加工企业屠宰量占比仍然较低，面临产能利用率低、牲畜来源不足等困扰。究其原因，一是羊养殖量供应不足。二是小型羊屠宰加工企业数量多，与大企业争夺羊源。小企业较低的成本也导致了屠宰加工行业"劣币驱逐良币"现象。第三，羊的私屠滥宰屡禁不绝，羊肉产品质量两极分化。无证屠宰、甚至当街屠宰的现象时有发生，严重危害羊肉质量安全。第四，羊屠宰环节利润率低。我国羊屠宰环节资金投入大，但是利润低，综合性屠宰加工企业的利润通常是来自肉制品业务。屠宰环节流动资金需求主要集中在羊的采购环节。第五，自动化和深加工水平还有待提高。羊自动剥皮机的应用还不够广泛，羊副产品成套设备的使用还较少。羊副产品综合利用程度较低，深加工副产品较少。第六，机械装备更新换代迫切，自主研发能力不足。我国肉类机械装备制造技术创新能力明显不足，国产设备的智能化、规模化和连续化能力相对较低，成套装备长期依赖高价进口和维护，肉类工程装备的设计水平、稳定可靠性及加工设备的质量等与发达国家相比存在较大差距。

三、相关法律法规和标准

为保障我国羊肉及其制品的质量安全，促进畜牧业健康可持续发展，我国已出台众多相关法律法规。与羊屠宰相关的主要法律法规有《中华人民共和国食品安全法》《中华人民共和国农产品质量安全法》《中华人民共和国动物防疫法》等。此外，还有一系列规章、标准和其他规范性文件。

1. 法律法规及规范性文件

(1)《中华人民共和国食品安全法》 本法规定了食品、食品添加剂、食品相关产品与食用农产品的风险评估、安全标准、生产经营过程安全控制、食品检验、安全事故处置、监督管理与处罚等相关内容，本法第二条明确规定：供食用的源于农业的初级产品的质量安全管理，遵守《中华人民共和国农产品质量安全法》的规定。但是，食用农产品的市场销售、有关质量安全标准的制定、有关安全信息的公布和本法对农业投入品作出规定的，应当遵守本法的规定。

(2)《中华人民共和国动物防疫法》 本法旨在加强对动物防疫的管理，预防、控制和扑灭动物疫病，促进养殖业的发展，保护人体健康，维护公共卫生安全，适用于在中华人民共和国领域内的动物防疫及其监督管理活动。本法所规定的动物包括家畜家禽和人工饲养、合法捕获的其他动物。本法主要内容包括：动物疫病的预防、动物疫情的报告通报公布、动物疫病的控制与扑灭、动物与动物产品的检疫、动物诊疗、监督管理、保障措施与法律责任等。羊屠宰检疫的法律依据主要是本法，检疫重点为动物传染病、寄生虫病，由动物卫生监督机构的官方兽医具体实施动物、动物产品检疫。

(3)《中华人民共和国农产品质量安全法》 本法是为保障农产品质量安全、维护公众健康、促进农业和农村经济发展而制定的法律。本法所称农产品，是指来源于农业的初级产品，即在农业活动中获得的植物、动物、微生物及其产品。本法主要内容包括：农产品质量安全标准，农产品产地要求，农产品生产过程控制，农产品包装标识，农产品监督检查、处罚等。

(4)《动物检疫管理办法》（农业部令 2010 年第 6 号） 本办法根据《中华人民共和国动物防疫法》制定而成，旨在加强动物检疫活动管理，预防、控制和扑灭动物疫病，保障动物及动物产品安全。本办法规定动物卫生监督机构应当根据检疫工作需要，合理设置动物检疫申报点，并向社会公布动物检疫申报点、检疫范围和检疫对象。主要内容包括：检疫申报、产地检疫、屠宰检疫、水产检疫、动物检疫、检疫审批、检测监督与罚则等内容。

(5)《动物防疫条件审查办法》（农业部令 2010 年第 7 号） 本办法旨在规范动物防疫条件审查，有效预防控制动物疫病，维护公共卫生安全，动物屠宰加工场所以及动物和动物产品无害化处理场所应当符合本办法规定的动物防疫条件。本办法主要内容包括：养殖场所防疫条件、屠宰加工场所防疫条件、隔离场所防疫条件、无害化处理场所防疫条件、集贸市场防疫条件、审查发证、监督管理与罚则等内容。对于屠宰加工场所，需要具有相应的防疫条件、设施设备等。

(6)《反刍动物产地检疫规程》（农医发〔2010〕20 号） 本规程规定了反刍动物（含人工饲养的同种野生动物）产地检疫的检疫范围（牛、羊、鹿和骆驼）、检疫对象、检疫合格标准、检疫程序、检疫结果处理和检疫记录，适用于中华人民共和国境内反刍动物的产地检疫及省内调运种用、乳用反刍动物的产地检疫。

（7）《羊屠宰检疫规程》（农医发〔2010〕27号　附件4）　本规程规定了羊进入屠宰场（厂、点）监督查验、检疫申报、宰前检查、同步检疫、检疫结果处理以及检疫记录等操作程序，适用于中华人民共和国境内羊的屠宰检疫。

（8）《病死及病害动物无害化处理技术规范》（农医发〔2017〕25号）本规范规定了病死及病害动物和相关动物产品无害化处理的技术工艺和操作注意事项，处理过程中病死及病害动物和相关动物产品的包装、暂存、转运、人员防护和记录等要求。适用于国家规定的染疫动物及其产品、病死或者死因不明的动物尸体、屠宰前确认的病害动物、屠宰过程中经检疫或者肉品品质检验确认为不可食用的动物产品，以及其他应当进行无害化处理的动物及动物产品。

2. 相关标准

（1）《牛羊屠宰产品品质检验规程》（GB 18393—2001）　本标准规定了牛羊屠宰加工的宰前检验及处理、宰后检验及处理，适用于牛羊屠宰加工厂，本标准不涉及传染病和寄生虫病的检验及处理。本标准规定的牛羊屠宰产品指牛、羊屠宰后的胴体、内脏、头、蹄、尾及血、骨、毛和皮。

（2）《畜禽肉水分限量》（GB 18394—2001）　本标准规定了畜禽肉水分限量指标、测定方法等要求，适用于鲜（冻）猪肉、牛肉、羊肉和鸡肉。本标准规定羊肉水分限量指标为≤78%。

（3）《畜禽屠宰 HACCP 应用规范》（GB/T 20551—2006）　本标准规定了畜禽加工企业 HACCP 体系的总要求及文件、良好操作规范（GMP）、卫生标准操作程序（SSOP）、标准操作程序（SOP）、有害微生物检验和 HACCP 体系建立规程方面的要求，提供了畜禽屠宰 HACCP 计划模式表，适用于畜禽屠宰加工企业 HACCP 体系的建立、实施和相关评价活动。

（4）《鲜、冻胴体羊肉》（GB/T 9961—2008）　本标准规定了鲜、冻胴体羊肉的术语、技术要求、检验方法和检验规则、标志、储存和运输。适用于活羊经屠宰加工、冷加工后，用于供应市场、肉制品以及罐头原料的鲜、冻胴体羊肉。

（5）《畜禽肉冷链运输管理技术规范》（GB/T 28640—2012）　本标准规定了畜禽肉的冷却冷冻处理、包装及标识、储存、装卸载、节能要求以及人员的基本要求，适用于生鲜畜禽肉从运输准备到实现最终消费前的全过程冷链运输管理。

(6)《食品安全国家标准 食品生产通用卫生规范》（GB 14881—2013） 本标准规定了食品生产过程中原料采购、加工、包装、储存和运输等环节的场所、设施、人员的基本要求和管理准则。适用于各类食品的生产，如确有必要制定某类食品生产的专项卫生规范，应当以本标准作为基础。

(7)《食品安全国家标准 鲜（冻）畜、禽产品》（GB 2707—2016）本标准适用于鲜（冻）畜、禽产品，不适用于即食生肉制品。鲜畜、禽肉指活畜（猪、牛、羊、兔等）、禽（鸡、鸭、鹅等）宰杀、加工后，不经过冷冻处理的肉。冻畜、禽肉指活畜（猪、牛、羊、兔等）、禽（鸡、鸭、鹅等）宰杀、加工后，在≤−18℃冷冻处理的肉。

(8)《食品安全国家标准 畜禽屠宰加工卫生规范》（GB 12694—2016） 本标准规定了畜禽屠宰加工过程中畜禽验收、屠宰、分割、包装、储存和运输等环节的场所、设施设备、人员的基本要求和卫生控制操作的管理准则，适用于规模以上畜禽屠宰加工企业。

(9)《牛羊屠宰与分割车间设计规范》（GB 51225—2017） 本标准适用于新建、扩建和改建的牛羊屠宰与分割车间的设计。本标准旨在提高牛羊屠宰与分割车间的设计水平，满足食品加工安全与卫生的要求。

(10)《鲜、冻肉生产良好操作规范》（GB/T 20575—2019） 本标准规定了鲜、冻肉生产的选址及厂区环境、厂房和车间、设施与设备、生产原料要求、检验检疫、生产过程控制、包装、储存与运输、产品标识、产品追溯与召回管理、卫生管理及控制、记录和文件管理。适用于供人类消费的鲜、冻猪、牛、羊、家禽等产品（包括直接或经进一步加工后供食用的鲜、冻猪、牛、羊、家禽等产品）的生产。

(11)《畜禽屠宰卫生检疫规范》（NY 467—2001） 本标准规定了畜禽屠宰检疫的宰前检疫、宰后检验及检疫检验后处理的技术要求，适用于所有从事畜禽屠宰加工的单位和个人。

(12)《羊肉质量分级》（NY/T 630—2002） 本标准规定了羊肉、羊肉质量等级、评定分级方法、检测方法、标志、包装、储存与运输，适用于羊肉生产、加工、营销企业产品分类分级。

(13)《冷却羊肉》（NY/T 633—2002） 本标准规定了冷却羊肉的术语和定义、技术要求、检验方法、标志、包装、储存和运输，适用于活羊经屠宰、冷却加工后，按要求生产的六分体和分割羊肉。

(14)《羔羊肉》（NY 1165—2006） 本标准规定了羔羊肉定义及羔羊肉安全与质量的技术要求、检验方法、包装、标志、储存和运输、判定规则，适用于羔羊肉生产、加工、流通、贸易过程中的质量检测、监控、判定与评定。

(15)《家畜屠宰质量管理规范》（NY/T 1341—2007） 本标准规定了家畜屠宰加工的基础设施、卫生管理、屠宰过程控制、质量检验、包装储存和运输的基本要求，适用于家畜（猪、牛、羊、兔）屠宰的质量管理。

(16)《羊肉分割技术规范》（NY/T 1564—2007） 本标准规定了羊肉分割的术语和定义、技术要求、标志、包装、储存和运输，适用于羊肉分割加工。

(17)《冷却肉加工技术规范》（NY/T 1565—2007） 本标准规定了冷却肉加工的术语和定义、技术要求、标签与标志、包装、储存与运输，适用于冷却猪肉、牛肉和羊肉的生产加工。

(18)《农产品质量安全追溯操作规程 畜肉》（NY/T 1764—2009） 本标准规定了畜肉质量追溯的术语和定义、要求、信息采集、信息管理、编码方法、追溯标识、体系运行自查和质量安全问题处置，适用于猪、牛、羊等畜肉质量安全追溯。

(19)《生鲜畜禽肉冷链物流技术规范》（NY/T 2534—2013） 本标准规定了生鲜畜禽肉冷链物流过程的术语和定义、冷加工、包装、储存、运输、批发及零售的要求，适用于生鲜畜禽肉从冷加工到零售终端的整个冷链物流过程中的质量控制。

(20)《畜禽屠宰术语》（NY/T 3224—2018） 本标准规定了畜禽屠宰的一般术语、宰前术语、屠宰过程术语、宰后术语和屠宰设施设备术语，适用于畜禽屠宰加工。

(21)《畜禽屠宰冷库管理规范》（NY/T 3225—2018） 本标准规定了畜禽屠宰用冷库的术语和定义、基本要求、库房管理、产品加工和储存管理、制冷系统运行管理、电气给排水系统运行管理、安全设施管理、人员要求、建筑物维护的要求，适用于畜禽屠宰企业对其屠宰的畜禽产品首次进行冷却、冻结加工和冷藏的冷库。

(22)《屠宰企业畜禽及其产品抽样操作规范》（NY/T 3227—2018） 本标准规定了屠宰企业畜禽及其产品的抽样要求、抽样方法及样品的包装、标记、保存和运输要求，适用于屠宰畜禽及产品抽样。

(23)《畜禽屠宰企业信息系统建设与管理规范》（NY/T 3228—2018） 本标准规定了畜禽屠宰企业信息系统建设与管理的术语和定义、缩略语、信息资源管理要求、数据汇交要求、接口要求及畜禽屠宰企业生产批次编码组成，适用于生猪等畜禽屠宰统计报表制度涉及的样本畜禽屠宰企业信息系统建设和数据上报流程管理。

第 2 章
羊屠宰相关基础知识

一、羊的解剖学基础知识

羊解剖学是羊屠宰与分割的技术基础，充分掌握羊的解剖学特点，有助于理解羊的屠宰与分割操作要点。

1. 躯体

羊的躯体分为头部、躯干部和四肢三大部分。绵羊躯体各部位名称见图 2-1。

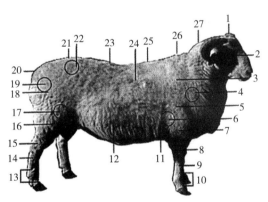

图 2-1　绵羊躯体

(引自熊本海、恩和等，《绵羊实体解剖学图谱》)

1. 颅部　2. 面部　3. 肩胛部　4. 肩关节　5. 臂部　6. 肘部　7. 前臂部　8. 腕部　9. 掌部　10. 指部　11. 胸骨部　12. 腹部　13. 趾部　14. 跖部　15. 跗部　16. 小腿部　17. 膝部　18. 股部　19. 髋关节　20. 尾部　21. 荐臀部　22. 髋结节　23. 腰部　24. 肋部　25. 背部　26. 鬐甲部　27. 颈部

2. 羊被皮系统

羊的被皮系统包括皮肤和毛、蹄、角、皮肤腺等皮肤衍生物。

3. 骨骼及关节

骨骼由骨和骨连结组成，构成机体坚硬的支架。羊全身骨骼按其部位不同，可分为头骨、躯干骨、四肢骨和尾骨。躯干骨包括颈椎、胸椎、腰椎、荐椎、肋骨、肋软骨和胸骨（图2-2，图2-3）。

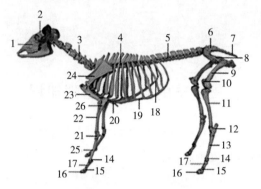

图2-2 羊主要骨骼

（引自熊本海、恩和等，《绵羊实体解剖学图谱》）

1. 面骨 2. 颅骨 3. 颈椎 4. 胸椎 5. 腰椎 6. 荐骨 7. 尾椎 8. 髋骨 9. 股骨
10. 膝盖骨 11. 小腿骨 12. 跗骨 13. 跖骨 14. 近籽骨 15. 冠状骨 16. 蹄骨
17. 系骨 18. 肋骨 19. 肋软骨 20. 胸骨 21. 腕骨 22. 前臂骨 23. 臂骨
24. 肩胛骨 25. 掌骨 26. 尺骨

骨主要由骨组织构成，坚硬而富有弹性，有丰富的血管和神经，能不断地进行新陈代谢和生长发育，并具有改建、修复和再生能力。骨具有支架、保护和运动功能。骨基质内有大量钙盐和磷酸盐沉积，是畜体的钙、磷库，参与体内的钙、磷代谢与平衡。骨髓具有造血和防卫功能。

从骨的分类来看，骨依据其形态和功能可以分为长骨、扁骨、短骨、不规则骨。长骨呈长管状，分为骨体和骨端。骨体又名骨干，为长骨的中间较细部分，骨质致密，内有空腔，称为骨髓腔，含有骨髓。长骨多分布于四肢游离部，主要作用是支持体重和形成运动杠杆。短骨略呈立方体形，大部分位于承受压力较大而运动又较复杂的部位，多成群分布于四肢的长骨之间，如腕骨和跗骨，有支持、分散压力和缓冲震动的作用。扁骨呈宽扁板状，分布于头、胸等处。常围成腔，支持和保护重要器官，如颅腔各骨保护脑；胸骨和肋参与构成胸廓，保护心、肺、脾、肝等。扁骨亦为骨骼肌提供广阔的附着面，如肩胛骨等。不规则骨呈不规则状，功能多样，一般构成畜体中轴，如椎骨等。有些不规则骨内具有含气的腔，称为含气骨，如上颌骨等。

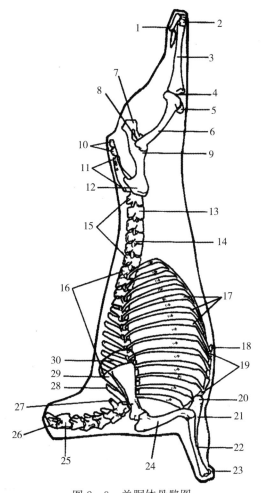

图 2 - 3　羊胴体骨骼图

［引自《羊肉分割技术规范》（NY 1564—2007）］

1. 跟骨管　2. 跗骨　3. 胫骨　4. 膝关节　5. 膝盖骨　6. 股骨　7. 坐骨　8. 闭孔

9. 髋关节　10. 尾椎　11. 荐椎　12. 髂骨　13. 椎骨　14. 椎体

15. 腰椎　16. 胸椎　17. 肋软骨　18. 剑状软骨　19. 胸骨　20. 鹰嘴

21. 尺骨　22. 桡骨　23. 腕骨　24. 肱骨　25. 枢椎　26. 环椎　27. 颈椎

28. 肩胛脊　29. 肩胛骨　30. 肩胛软骨

从骨的构造来看，骨由骨膜、骨质、骨髓、血管、神经等构成。骨膜在营养、修补、再生和感觉方面有重要作用。骨质具有支架作用。骨髓分红骨髓和黄骨髓，胎儿及幼龄动物都是红骨髓，具有造血功能。随着年龄的增长，动物的红骨髓由黄骨髓替代。黄骨髓主要是脂肪组织，用于储存营养。

从骨的化学组成来看，骨由有机质和无机质组成，有机质主要包括骨胶原纤维和黏多糖蛋白，无机质主要是磷酸钙、碳酸钙、氟化钙等。

骨之间借助纤维结缔组织、软骨或骨组织相连，形成骨连结，根据骨连结间组织的不同，分为两大类：一是直接连结，骨与骨之间没有腔隙，不能活动或者只有小范围活动，包括纤维连结和软骨连结；二是间接连结，骨与骨之间有滑膜包围的腔隙能够自由活动，也称为关节，是骨连结中比较普遍的形式。

4. 肌肉

肌肉能接受刺激，发生收缩，是机体活动的动力器官。从肌肉的组成来看，肌肉由肌腱和肌腹组成。肌腹位于肌肉中间部分，由致密结缔组织构成。肌腱是肌肉的两端与骨相连的结缔组织，它不能收缩，但具有很强的韧性和拉张力。肌肉的辅助器官包括筋膜、黏液囊、腱鞘、滑车、籽骨。

从肌肉的分类来看，根据其形态、机能和位置不同，可分为骨骼肌、平滑肌、心肌。骨骼肌主要附着在骨骼上，收缩能力强，其肌纤维在显微镜下呈横纹结构，也称横纹肌。平滑肌主要分布在内脏和血管。心肌分布于心脏。羊的全身肌肉按其所在的部位可分为头肌、颈肌、躯干肌、前肢肌、后肢肌等（图2-4）。

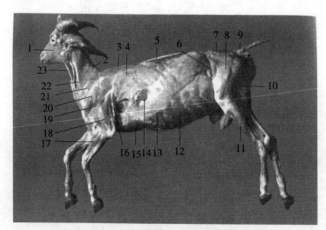

图2-4 山羊全身肌肉
（引自周变华、王宏伟、张旻，《山羊解剖组织彩色图谱》）

1. 咬肌 2. 颈斜方肌 3. 胸斜方肌 4. 背阔肌 5. 背腰最长肌 6. 阔筋膜张肌 7. 臀浅肌 8. 股四头肌 9. 尾肌 10. 臀股二头肌 11. 趾长伸肌 12. 腹直肌 13. 腹外斜肌 14. 胸腹侧锯肌 15. 胸肌 16. 前臂筋膜张肌 17. 腕桡侧伸肌 18. 肱三头肌 19. 三角肌 20. 冈下肌 21. 冈上肌 22. 臂头肌 23. 胸头肌

5. 消化系统

消化系统的功能是摄取食物、消化食物、吸收养料和排出代谢产物，从而保证动物体新陈代谢的正常进行。羊的消化系统包括消化管和消化腺两部分。食物通过的管道叫消化管，包括口腔、咽、食管、胃、小肠、大肠和肛门等（图 2 - 5）。能分泌消化液的腺体，称为消化腺，包括唾液腺、肝、胰、胃腺、肠腺等。消化系统具有摄取食物、对食物进行消化吸收、将食物残渣排出体外等作用。

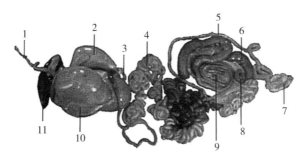

图 2 - 5　绵羊消化器官

（引自熊本海、恩和等，《绵羊实体解剖学图谱》）

1. 食管　2. 皱胃　3. 十二指肠　4. 空肠　5. 结肠　6. 盲肠　7. 直肠

8. 回肠　9. 结肠旋祥　10. 瘤胃　11. 肝脏

胃位于腹腔，在膈和肝的后部，有储存食物、分泌胃液、初步消化食物、推送食物进入十二指肠的作用。牛、羊属于复胃（又称反刍胃、多室胃），分别为瘤胃、网胃、瓣胃、皱胃。前三种胃的功能为储存食物和发酵、分解纤维素。皱胃的功能为储存食物、分泌胃液、初步消化食物、推送食物进入十二指肠。

6. 呼吸系统

动物在新陈代谢过程中需要吸进氧气氧化体内的营养物质，同时将产生的二氧化碳等代谢产物排出体外，这个气体交换的过程就称为呼吸。羊的呼吸系统包括鼻、咽、喉、气管、支气管、肺等器官及胸膜和胸膜腔等。肺是气体交换的器官，主要由肺泡组成（图 2 - 6）。

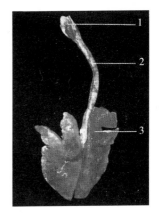

图 2 - 6　羊呼吸系统

（引自陈耀星，《动物解剖学彩色图谱》）

1. 喉　2. 气管　3. 肺

17

7. 心血管系统

心血管系统由心脏、动脉、毛细血管和静脉组成，其管腔内充满血液。心脏是推动血液循环的动力器官，呈左、右稍扁的倒圆锥体，外有心包，位于胸腔纵隔中，夹在左右肺间，稍偏左。动脉是把血液从心脏运送至全身各部的血管。静脉是将血液由全身各部运输到心脏的血管。毛细血管是介于小动脉与小静脉之间、与周围组织进行物质交换的微小血管。

8. 泌尿系统

动物在新陈代谢中产生的终产物和多余的水分，小部分是通过呼吸、汗液和粪便排出，大部分是通过血液循环达到泌尿系统，形成尿液排出。羊的泌尿系统包含肾脏、输尿管、膀胱、尿生殖道（图2-7）。肾脏的主要作用是生成尿液，而输尿管、膀胱和尿生殖道则分别是输尿、储尿和排尿器官。羊肾属于平滑单乳头肾，两侧的肾均呈豆形；右肾位于最后肋骨至第二腰椎下。左肾在瘤胃背囊后方，第四至第五腰椎下。

图2-7 公羊泌尿生殖器官

（引自陈耀星，《动物解剖学彩色图谱》）

1. 肾脏 2. 输尿管 3. 输精管 4. 睾丸 5. 尿生殖道阴茎部 6. 膀胱 7. 尿生殖道骨盆部

9. 内分泌系统

羊的内分泌系统由内分泌腺（包括脑垂体、甲状腺、甲状旁腺、肾上腺和松果体）、内分泌组织（胰岛、黄体、睾丸间质细胞、肾小球旁器）和内分泌细胞组成。

10. 淋巴系统

羊淋巴系统是由淋巴、淋巴管、淋巴组织和淋巴器官组成。淋巴是淋巴管内流动的液体，为无色或微黄色的液体。淋巴管是将淋巴输送入静脉的管道，其功能是协助体液回流至心脏。淋巴组织是畜体内含有大量淋巴细胞的组织，网状细胞的网膜中充满淋巴细胞。根据淋巴细胞聚集的紧密程度，将淋巴组织分成两种形态：一种是淋巴细胞排列疏松，没有特定外形，跟周围的结缔组织没有明显的分界，称为弥散淋巴组织，通常分布在消化管、呼吸道和尿生殖道的黏膜内，能够抵御细菌和异物的入侵；另一种是淋巴细胞排列紧密，与周围组织有结缔组织分界，称为密集淋巴组织。有的脏器内，密集淋巴组织形成球状或长索状，分别称为淋巴小结和淋巴索。

淋巴器官分为中枢淋巴器官（包括骨髓和胸腺）和外周淋巴器官（包括脾、淋巴结、扁桃体等）。其中，胸腺的功能是产生 T 淋巴细胞，分泌胸腺素。淋巴结的功能是产生 B 淋巴细胞、T 淋巴细胞，过滤、吞噬淋巴液中的细菌等异物，以及参与机体免疫反应。动物机体上的主要淋巴结包括下颌淋巴结、颈浅淋巴结、髂下淋巴结、腹股沟浅淋巴结、腘淋巴结、肠系膜淋巴结、髂内淋巴结等。脾是牲畜体内最大的淋巴器官，具有造血、储血、滤过血液，参与机体免疫活动等功能。羊脾为钝三角形，红紫色，质软。

不同的羊淋巴结的正常形态、大小、色泽略有差异，一般幼龄羊的较大，老龄羊的较小；瘦弱羊的较大，肥壮羊的较小。形状有圆形、椭圆形、扁圆形、长圆形及不规则形，有的单个存在，有的集簇成群。羊正常淋巴结的色泽一般为青灰色，但同一羊体不同部位的淋巴结其色泽也有差异，如肝门淋巴结常呈红褐色。

在羊的屠宰检验检疫中有重要意义的淋巴结有：肩前淋巴结、髂下淋巴结、支气管淋巴结、肝门淋巴结、肠系膜淋巴结、腹股沟深淋巴结。

11. 生殖系统

雌性生殖器官由卵巢、输卵管、子宫、阴道、尿生殖前庭和阴门等组成。雄性生殖器官由睾丸、附睾、输精管、尿生殖道、副性腺、阴茎、阴囊、包皮组成。

二、羊的病理学基础知识

在屠宰前后检查羊是否患有传染病、寄生虫病等疾病十分重要。动物传染病的发生和流行往往导致巨大的经济损失，会对一个地区养殖业带来巨大的打击，恢复过程也十分漫长。羊常见的传染病包括口蹄疫、小反刍

兽疫、布鲁氏菌病、绵羊痘和山羊痘、炭疽等，一旦羊群发生某种疫病，应及时准确治疗并采取综合防治措施。

羊的寄生虫以羊体内的营养成分为赖以生存的条件，常寄生于羊肠道、组织和血液中，消耗动物的营养、损伤局部组织、释放毒素等，给羊带来较为严重的伤害，甚至导致死亡。羊常见的寄生虫病包括羊绦虫病、羊球虫病、羊棘球蚴病、羊螨虫病和羊肝片吸虫病（肝蛭病）等。

羊发生各种疾病后，会在淋巴、内脏、肌肉、体表等组织表现出相关的病理变化和相应的临床症状。因此，在羊的验收、宰前检疫、屠宰同步检疫等环节中，通过检查羊的各组织的病理变化，能够判定其是否患有相关疾病。

1. 病变淋巴系统

在胴体淋巴结检查时，首先观察淋巴结的外表及形态、大小、色泽等。正常情况下，淋巴结在活体内呈粉红色或微红褐色，在胴体则呈不同程度的灰白色，并略带黄色，但无血色，大小适中。触摸检查时，整个浆膜面光滑湿润，质地细腻较硬，无松弛变软或肿大现象。正常淋巴结断面结构清晰，无血液或其他渗出液，被膜、小梁、髓质、皮质结构分明，色泽正常。如见到淋巴结有肿大、充血、出血、变性、坏死、增生、萎缩、脓肿等变化时，多为某些传染性疾病所致。

2. 体表常见病变

羊感染口蹄疫的典型特征是羊的口腔、蹄部和乳房皮肤等部位发生不同程度的水疱和溃烂。羊痘也称"羊天花"，典型特征是羊全身皮肤，尤其是无毛或少毛的皮肤、黏膜上发生特异的痘疹。羊小反刍兽疫俗称"羊瘟"，临床表现特征包括发热，有分泌物从眼、鼻部位排出，口腔内出现口疮，呼吸失调等。羊痒病也被称为瘙痒病、"驴跑病"，患痒病的多是3岁~5岁的母羊，其产的羔羊发病率高，患痒病的羊皮肤剧痒，病羊摩擦甚至自咬其头部、背部、体侧和腹部，或者用瘙痒皮肤摩擦栅栏、墙壁和树干等物体，导致大量掉毛，皮肤红肿甚至出血。羊螨虫病是由疥螨和痒螨引起的慢性、寄生性皮肤病，初期多在羊的头部和颈部发生不规则丘疹样病变，羊剧痒会用力磨蹭患部，导致患部掉毛、皮肤增厚甚至出血，形成痂垢，病部会逐渐扩大甚至蔓延全身。

3. 内脏常见病变

羊患炭疽常表现出急性败血症状，脾脏明显肿大，全身组织明显出血。羊肺疫也被称为羊传染性胸膜肺炎，俗称"烂肺疫"，其特征是呈现纤维素性肺炎和胸膜肺炎。羊绦虫病是由绦虫引起的，绦虫主要寄生在羊的小肠中。羊球虫病是由艾美耳属或等孢属球虫等寄生在羊的肠道内引起。羊肝片吸虫病是因肝片吸虫和大片吸虫寄生在羊的肝脏和胆管中的寄生虫病，该病能引起慢性胆囊炎、肝炎、肝硬化等疾病。羊棘球蚴病是由细粒棘球蚴绦虫引起的人畜共患病，病羊表现机体消瘦、被毛逆立、咳嗽、腹泻等。

第 3 章
术 语 和 定 义

一、羊 屠 体

【标准原文】

3.1
羊屠体　sheep and goat body
羊宰杀放血后的躯体。

【内容解读】

本条款对羊屠体的定义进行规定。

《畜禽屠宰术语》（NY/T 3224—2018）中对屠体的定义为"畜禽宰杀、放血后的躯体"，本标准中把羊屠体定义为：羊宰杀放血后的躯体（图3-1）。羊屠体是指羊经致昏、刺杀放血后，进入后段工序前的羊躯体。

图3-1　羊屠体

二、羊 胴 体

【标准原文】

3.2

羊胴体　sheep and goat carcass

羊经宰杀放血后去皮或者不去皮（去除毛），去头、蹄、内脏等的躯体。

【内容解读】

本条款对羊胴体的定义进行规定。

《畜禽屠宰术语》（NY/T 3224—2018）中对畜胴体的定义为"畜经宰杀放血后去皮或不去皮，去除毛、头、蹄、尾、内脏、三腺以及生殖器及其周围脂肪的屠体"；《食品安全国家标准　畜禽屠宰加工卫生规范》（GB 12694—2016）中对胴体的定义为"放血、脱毛、剥皮或带皮、去头蹄（或爪）、去内脏后的动物躯体"。经宰前检验检疫合格的活羊，宰杀放血后，经去头、蹄、内脏等，去皮或者不去皮（去毛）的躯体，称为羊胴体。羊胴体可以带或者不带羊尾油和肾脏。屠体和胴体两个定义之间的区别：宰杀放血后为屠体，进一步加工去除头、蹄、内脏等部位后称为胴体（图 3-2）。三腺包括甲状腺、肾上腺和病变淋巴结。

图 3-2　羊胴体

三、白内脏

【标准原文】

3.3

白内脏　white viscera

白脏

羊的胃、肠、脾等。

【内容解读】

本条款对羊白内脏的定义进行规定。

羊的白内脏包括胃、肠、脾等。《畜禽屠宰术语》（NY/T 3224—2018）中对内脏的定义为"畜禽胸腹腔内的器官，包括心、肝、肺、脾、胃、肠、肾、胰脏、膀胱等"。本定义参考并与《畜禽屠宰术语》标准保持一致。

四、红内脏

【标准原文】

3.4

红内脏　red viscera

红脏

羊的心、肝、肺等。

【内容解读】

本条款对羊红内脏的定义进行规定。

羊的红内脏包括心、肝、肺等。《畜禽屠宰术语》（NY/T 3224—2018）中对内脏的定义为"畜禽胸腹腔内的器官，包括心、肝、肺、脾、胃、肠、肾、胰脏、膀胱等"。本定义参考并与《畜禽屠宰术语》标准保持一致。

五、同步检验

【标准原文】

3.5

同步检验　synchronous inspection

与屠宰操作相对应，将畜禽的头、蹄（爪）、内脏与胴体生产线同步

运行，由检验人员对照检验和综合判断的一种检验方法。

【内容解读】

本条款对同步检验的定义进行规定。

羊的同步检验是对羊宰前检查的继续和补充。在羊屠宰加工过程中，把羊的胴体和内脏编上同一号码放在检验输送线上，使内脏和胴体同时检验，并随流水线不断向前输送的检验程序，也可采用同步检验装置实现。通过对羊胴体、内脏、淋巴结等部位的检查，找出和剔除不安全和有害于公共卫生的肉品。由于许多病变需要在病畜解剖后才能够准确判断，因此，宰后检验对保障羊肉的食品安全，发现、控制和消灭疫病，以及防止疫病的传播具有关键性的意义。

《畜禽屠宰术语》（NY/T 3224—2018）中对同步检验检疫的定义为"与屠宰操作相对应，将畜禽的头、蹄（爪）、内脏与胴体生产线同步运行，由检验人员对照检验和综合判断的一种检验方法"，本条款定义与《畜禽屠宰术语》标准一致。通过同步检验，羊的胴体和红内脏、白内脏等在检验线上一一对应，能够将其进行综合分析，解决了胴体和内脏分散检验的不足，帮助检验人员更准确地对疫病进行判断，并可及时采取隔离等进一步的措施。

同步检验是羊肉质量控制的重要措施和组成部分，也是食品安全相关法规对食品加工企业的要求，其他相关规定见《食品安全国家标准　畜禽屠宰加工卫生规范》（GB 12694—2016）"6　宰后检查"和《畜禽屠宰卫生检疫规范》（NY 467—2001）第 7 章。

第 4 章

宰 前 要 求

一、入厂查验

【标准原文】

4 宰前要求

4.1 待宰羊应健康良好，并附有产地动物卫生监督机构出具的动物检疫合格证明。

【内容解读】

本条款对羊入厂前验收查验进行规定。

1. 入厂查验的重要性

如果待宰羊染疫，会对屠宰厂造成疫病污染。因此，不允许来源不明的羊只、健康情况存在问题的羊只以及缺少动物检疫合格证明的羊只入厂屠宰。《中华人民共和国动物防疫法》第四十二条规定，在屠宰、出售或者运输动物以及出售或者运输动物产品前，货主应当按照国务院兽医主管部门的规定向当地动物卫生监督机构申报检疫。动物卫生监督机构接到检疫申报后，应当及时指派官方兽医对动物、动物产品实施现场检疫；检疫合格的，出具检疫证明、加施检疫标志。《中华人民共和国动物防疫法》第五十八条规定，动物卫生监督机构依照本法规定，对动物饲养、屠宰、经营、隔离、运输以及动物产品生产、经营、加工、储藏、运输等活动中的动物防疫实施监督管理。

2. 待宰羊应健康良好

待宰羊精神状况、外貌、呼吸状态及排泄物状态等应良好，无异常状况。

3. 待宰羊应附有动物检疫合格证明

《动物检疫管理办法》（农业部2010年第6号令）第七条规定："国家实行动物检疫申报制度"。因此，当羊离开饲养地时，应由当地动物卫生监督机构的官方兽医检验人员实施检疫，即羊的产地检疫，检疫合格后由当地动物卫生监督机构出具动物检疫合格证明。只有取得动物检疫合格证明，才能对羊进行省内或跨省调运。跨省调运的羊只，还应符合农业农村部的相关规定。

动物检疫合格证明分为4种，包括动物检疫合格证明（动物A）（图4-1）、动物检疫合格证明（产品A）、动物检疫合格证明（动物B）

图4-1 动物检疫合格证明（动物A）

27

（图4-2）和动物检疫合格证明（产品B），其中A证为出省境动物检疫合格证，B证为省内动物检疫合格证。动物检疫合格证明必须根据要求填写清晰、内容完整，由产地动物卫生监督机构官方兽医签字并加盖当地动物卫生监督机构检疫专用章，检疫合格证明一式两联，一联（或电子版联）由当地动物卫生监督机构留存，一联交与承运人员随货同行。对于跨省的羊只调运，还需要在途经省境动物卫生监督检查站时，出示动物检疫合格证明（动物A）并接受检查，并由检查站签章放行。

动 物 检 疫 合 格 证 明 (动物B)

编号：

货　主		联系电话	
动物种类	数量及单位		用　途
启运地点	市（州）　　县（市、区）　　乡（镇）　　　　村 （养殖场、交易市场）		
到达地点	市（州）　　县（市、区）　　乡（镇）　　　村 （养殖场、屠宰厂、交易市场）		
牲　畜 耳标号			
本批动物经检疫合格，应于当日内到达有效。 　　　　　官方兽医签字：＿＿＿＿＿ 　　　　　签发日期：　　　年　　月　　日 　　　　　　　　　（动物卫生监督所检疫专用章）			

第一联　共　联

注：1. 本证书一式两联，第一联由动物卫生监督所留存，第二联随货同行。
　　2. 本证书限省内使用。
　　3. 牲畜耳标号只需填写后3位，可另附纸填写，并注明本检疫证明编号，同时加盖动物卫生监督所检疫专用章。

图4-2　动物检疫合格证明（动物B）

　　动物检疫合格证明的出具，必须经过羊的产地检疫并检疫合格。《反刍动物产地检疫规程》（农医发〔2010〕20号）对羊产地检疫的对象、检疫合格标准、检疫程序、检疫结果处理、检疫记录进行了要求。羊的产地检疫对象包括口蹄疫、布鲁氏菌病、绵羊痘和山羊痘、小反刍兽疫、炭疽。

4. 入厂查验的其他相关要求

　　本条款的规定与《羊屠宰检疫规程》（农医发〔2010〕27号　附件4）"4　入场（厂、点）监督查验"和《牛羊屠宰产品品质检验规程》（GB 18393—2001）"4.1　验收检验"中对入厂查验的规定保持一致。

《羊屠宰检疫规程》（农医发〔2010〕27 号　附件 4）中"4　入场（厂、点）监督查验"规定如下。第一，查证验物，查验入厂（点）羊的动物检疫合格证明和佩戴的畜禽标识。第二，询问，了解羊只运输途中有关情况。第三，临床检查，检查羊群的精神状况、外貌、呼吸状态及排泄物状态等情况。第四，结果处理，包括合格和不合格两种情况。对于临床检查合格的情况，动物检疫合格证明有效、证物相符、畜禽标识符合要求、临床检查健康，方可入厂，并回收动物检疫合格证明。厂（点）方须按产地分类将羊只送入待宰圈，不同货主、不同批次的羊只不得混群。对于临床检查不符合条件的，按国家有关规定处理。第五，消毒，监督货主在卸载后对运输工具及相关物品等进行清洗消毒。

《牛羊屠宰产品品质检验规程》（GB 18393—2001）中"4.1　验收检验"规定如下。验收检验，卸车前应索取产地动物防疫监督机构开具的检疫合格证明，并临车观察，未见异常、证货相符时准予卸车。卸车后应观察羊的健康状况，按检查结果进行分圈管理。将合格的羊送待宰圈；对于可疑病畜送隔离圈观察，通过饮水、休息后，恢复正常的，并入待宰圈；病畜和伤残的羊送急宰间处理。

因此，在羊入厂查验时，还应了解羊只运输途中有关情况，开展临床检查，临床检查合格后方可让羊只入厂，并监督货主对运输工具进行清洗消毒。羊的运输过程与动物防疫、动物福利和羊肉品质密切相关，运输中的拥挤、颠簸、环境变化、禁食、禁水等都会对羊只产生较大的应激损伤。在不良运输应激条件下，羊只恐惧不安，消耗体内大量水分和营养，最终影响肉品品质。因此，在羊只运输过程中，承运人应按相关运输规定严格运输操作要求，保障羊只安全、顺利到达。羊通常采用成群驱赶和卡车运输的方式。车辆载重、空间等与所运输的羊只大小、数量相适应，在运输过程中确保羊只头部能自然抬起，保持舒适的姿势；车辆应通风充足，为羊只配备适当的防日晒、防雨淋设施；两侧围栏要光滑，厢壁及底部应耐腐蚀、防渗漏，为防止羊只滑倒，应安装防滑地板。此外，为防止饲喂"瘦肉精"的羊只进入屠宰环节，还应对羊只进行"瘦肉精"检测。

【实际操作】

1. 查证验物

羊只进入屠宰厂，卸载前，一要核查货主是否持有动物检疫合格证明（图 4 - 3）。对于来自外省的羊只，查验动物检疫合格证明（动物 A）。对于来自省内的羊只，查验动物检疫合格证明（动物 B）。二要查验羊只是否佩戴耳标，耳标号是否与检疫合格证上的一致。三是逐一核对羊只种类、数量和耳标号等信息。羊入厂验收环节检查内容示例见表 4-1。

图 4-3　查证验物

表 4-1　羊入厂验收环节检查内容示例

环节	检验项目		检查方法	出具表单	处理办法
入厂验收	持证情况	耳标	查验有无，是否真实一致	信息统计表	缺少动物检疫合格证明、耳标和非疫区证明或与真实情况不一致的羊只不得入厂屠宰
		动物检疫合格证明（动物 A 或动物 B）			
	羊只健康状况	临床检查	在卸车前检查羊群的精神状况、外貌、呼吸状态及排泄物状态等情况	—	羊只卸载前，经观察未见异常，准予卸车
	车辆消毒情况	车轮消毒	入厂车辆经过消毒池进行车轮消毒	车辆消毒记录单	运羊车辆必须消毒后才能进入厂区，否则一律不得进入
		车体消毒	使用次氯酸钠等消毒液，对车体喷洒消毒		

2. 询问羊只运输情况

兽医应询问了解运输途中的基本情况，向货主或承运人调查了解有无羊只病死；有无加载或减载羊只（图 4-4）。

3. 临车观察（临床检查）

羊只卸载前，应对羊只的精神状况、外貌、呼吸状态及排泄物状态等情况进检查，经观察未见异常，准予卸车（图 4 - 5）。

图 4 - 4 询问

图 4 - 5 临车观察

4. 卸载、分圈

卸车后，需观察羊只的健康状况。对于疑似染疫羊只或健康状况异常的羊只，采取隔离、留验措施，视情况对羊采取缓宰或禁宰。如发现可疑重大动物疫情时，应立即报告官方兽医，限制羊只移动，依照国家规定处置疫情。

在羊只卸车时，应注意卸车方式，设立平台、坡道或走道等，坡道材质应防滑，不得野蛮驱赶羊只；将羊只送入待宰圈时需按产地进行分类，不能把不同货主、不同批次的羊只混群。检查发现病死羊只，应进行无害化处理。

5. 回收证明、车辆消毒

入厂验收检验合格后，收回动物检疫合格证明。待羊只卸载完毕后，应监督承运人对运输工具和相关物品进行消毒。屠宰企业应提供消毒场所、消毒设备和冲洗设备等。

承运人应当在装载前和卸载后及时对运输车辆进行清洗、消毒。在卸载前，从专门的入口进入屠宰厂后，将车开入装有消毒液的车辆消毒池中（图 4 - 6），同时用高压枪对车辆清洗消毒。消毒池有一定坡度，方便车辆进出，池的一旁设有放水管，池底部有带滤网的放水口，便于更换消毒液，消毒液建议采用浓度为 2% 的氢氧化钠或 50mg/kg～100mg/kg 的含氯消毒剂，如二氧化氯和次氯酸钠等。

图 4 - 6　车辆消毒

二、静　　养

【标准原文】

4.2　宰前应停食静养 12h～24h，并充分给水，宰前 3h 停止饮水。待宰时间超过 24h 的，宜适量喂食。

【内容解读】

本条款规定了羊送宰前静养的要求。

1. 停食静养要求

动物在宰前休息期人为控制的禁食行为称为宰前禁食。在羊肉的生产过程中，宰前应激是引起劣质肉发生的关键因素，包括运输温度、运输时间、静养时间、运输密度等。在宰前环节，要加强对羊只福利的重视，避免对羊只造成应激，减少因操作不当造成羊只皮肤损伤、骨折，保障肉品品质。

在羊肉的生产过程中，不当的宰前静养处理可能降低羊胴体出品率，导致 DFD 肉（dark，firm and dry muscle）等劣质肉的发生率增加，对羊肉的质量带来影响。DFD 肉即黑干肉，是受到应激反应的羊，屠宰后产生的色暗、坚硬和发干的肉。

羊在运输时，因为环境的改变和受到惊吓等刺激，容易过度紧张从而引起疲劳，影响正常的生理机能，导致血液循环加速，肌肉组织内的毛细血管充满血液，导致肉的品质下降。因此，羊卸载后应充分静养，而不是立即屠宰，否则会影响肉品品质。

静养时间规定为 12h～24h 的原因是，第一，进入羊胃肠内的饲料，需经数小时到十几小时才能被消化吸收；第二，轻度饥饿可促使肝糖原分解为葡萄糖，并通过血液分布到全身，肌肉中含糖量得以提高，有利于肉的成熟，提高肉的品质；第三，停食静养措施可使胃肠内容物减少，有利于屠宰加工，减少划破胃肠的机会，避免胴体受到胃肠内容物的污染，利于宰后充分放血。静养时间过长则使得羊只发生争斗的可能性增加，争斗后羊容易产生应激反应，导致羊只身体部位损伤，影响胴体品质。

2. 静养过程中应适时给水

羊静养过程中充分给水，是为了满足动物福利的要求，也有助于羊只保持良好生理状态。从屠宰加工的角度，羊只宰前 3h 停止饮水，有利于羊只屠宰时内脏的处理，也有利于剥皮工序的操作。

3. 静养时间过长宜适量喂食

原则上待宰时间不应超过 24h，如果超过 24h，羊只的长时间禁食会导致肌肉中糖原消耗殆尽，不利于肉的成熟。从动物福利的角度，也可减少羊因饥饿导致的应激反应，使羊保持健康的状态。因此，静养时间过长，宜适量喂食；待宰时间如果超过 24h，宜适量喂食。

【实际操作】

羊卸载后，将羊只赶入待宰圈。待宰圈应有让羊只避暑避寒的设施（图 4-7）。在待宰圈中为羊只提供充足的水，在宰前 3h 停止供水（图 4-8）。待宰圈中的羊只不供给饲料等食物，停食静养 12h～24h；如果超过 24h，宜适量喂食。待宰设施的合理布局有利于减少羊的应激反应。

三、宰前检验检疫

【标准原文】

4.3 屠宰前应向所在地动物卫生监督机构申报检疫，按照农医发〔2010〕27 号 附件 4 和 GB 18393 等实施检疫和检验，合格后方可屠宰。

图 4 - 7 待宰圈

图 4 - 8 静养

【内容解读】

本条款对羊宰前检验检疫进行规定。

1. 实施宰前检验检疫的重要性

在羊只屠宰前，应向所在地动物卫生监督机构申报检疫，并按照《羊屠宰检疫规程》（农医发〔2010〕27 号 附件 4）和《牛羊屠宰产品品质检验规程》（GB 18393）的规定，由相关人员实施宰前检验检疫。羊宰前检验检疫指的是在对羊进行屠宰前，为了保证肉品安全，对羊进行检验检疫，通过了解待宰羊的来源和产地检疫、免疫情况，并直接观察待宰羊有无异常，从而准确判别羊是否健康，并剔除病羊。宰前检验检疫是保障肉品安全的重要环节，可有效防控疫病，保证肉品的质量安全。

2. 羊只宰前检验检疫的相关规定

《羊屠宰检疫规程》（农医发〔2010〕27号 附件4）规定羊进入屠宰场（厂、点）监督查验、检疫申报、宰前检查、同步检疫、检疫结果处理以及检疫记录等要求。《牛羊屠宰产品品质检验规程》（GB 18393—2001）规定了羊只宰前检验及处理、宰后检验及处理各项要求。此外，《食品安全国家标准 畜禽屠宰加工卫生规范》（GB 12694—2016）中"6.1 基本要求"和"6.2 宰前检查"对屠宰企业应具备的检验基本要求和宰前检查要求也进行了规定。通过遵循以上标准和规程中的内容进行检验检疫，结果合格的方可屠宰。

3. 羊只宰前检验检疫的程序

在羊只屠宰前，应向所在地动物卫生监督机构申报检疫，即实施宰前检疫，接到检疫申报后，动物卫生监督机构指派官方兽医对羊只实施现场检疫；检疫合格的，出具检疫证明、加施检疫标志（图4-9）。羊宰前检验程序按照《牛羊屠宰产品品质检验规程》（GB 18393—2001）的规定执行。

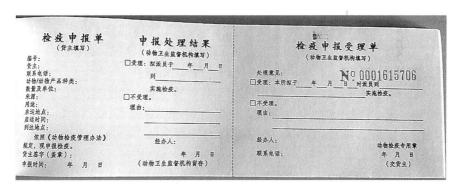

图4-9 检疫申报单和检疫申报受理单

4. 羊只宰前检验检疫的具体实施内容

应根据《羊屠宰检疫规程》（农医发〔2010〕27号 附件4）和《牛羊屠宰产品品质检验规程》（GB 18393—2001）的规定对羊只群体的动态、静态、体温等进行全面的宰前临床检查，尤其加强对羊只的精神状况、体温、可视黏膜、排泄动作及排泄物性状等方面的检查。羊在待宰期间进行的宰前临床检查，通常采用群体检查和个体检查相结合的临床检查

方法。必要时，进行实验室检查。宰前临床检查方法如下。

（1）群体检查 群体检查是将来自同一地区、同一运输工具、同一批次或同一圈舍的羊作为一群进行检查。群体检查从静态、动态和饮食状态3方面进行。注意观察羊群体的精神状态、外貌、呼吸状态、运动状态、饮水饮食、反刍状态及排泄物状态等有无异常。如发现有病羊或可疑病羊，转入隔离观察圈，以进行下一步的个体检查。

群体检查包括静态检查、动态检查和饮食状态检查。静态检查是在安静、不惊扰的状态下，检查羊的精神状态、分泌物等，注意羊是否有精神不振、被毛粗乱、消瘦、站立不稳、独立一隅、咳嗽、气喘、呼吸困难、呻吟、流涎、昏睡等异常情况，并注意分泌物的色泽、质地等是否正常。动态检查则注意羊的运步姿势、步态等有无异常，重点观察有无跛行、屈背拱腰、行走困难、步态不稳、共济失调、离群掉队、卧地不起、瘫痪等症状。

饮食状态检查是检查羊的饮食，咀嚼、吞咽、反刍等有无异常，排泄物的色泽、质地、气味等有无异常。注意观察食欲、饮欲是否变化，有无少食、慢食、拒食、不饮、吞咽和咀嚼困难等现象。

（2）个体检查 对群体检查时发现的异常个体，或者从正常群体中随机抽取5%～20%的个体，通过视诊、听诊、触诊、检测（重点是检测体温）等方法，逐只进行个体的临床检查。检查羊个体的精神状况、体温、呼吸、皮肤、被毛、可视黏膜、胸廓、腹部及体表淋巴结、排泄动作及排泄物性状等。个体检查包括视诊、听诊、触诊和体检。

①视诊。视诊是观察羊的精神状态及外貌体征，如被毛和皮肤、可视黏膜、眼结膜、天然孔、鼻镜、齿龈、蹄等部位是否正常。注意羊的呼吸、起卧和运动姿势、排泄物等有无异常。口部、尾巴无毛处有无痘疹。

②听诊。听诊是听羊的呼吸是否正常，必要时用听诊器听呼吸音、心音、肠胃蠕动音，注意有无咳嗽、呻吟、发吭、磨牙、喘气、心律不齐、啰音等异常声音。

③触诊。触诊是用手触摸羊的耳、角根、下颌、胸前、腹下、四肢、阴囊及会阴等部位的皮肤有无肿胀、疹块、结节等，体表淋巴结的大小、形状、硬度、温度、压痛及活动性。

④体检。体检是让羊充分休息后，用温度计测量其体温（正常体温为38.0℃～39.5℃），也可测定呼吸数、脉搏数，羊的正常呼吸次数为12次/min～30次/min、脉搏数为70次/min～80次/min。

健康羊的体温、呼吸数和脉搏数基本恒定，羊患病后，这些指标会发

36

生变化，测量这些指标对传染病诊断具有十分重要的作用。

5. 宰前检验检疫的结果处理

经宰前检验检疫，符合规定的健康羊只，准予屠宰。发现病羊或者可疑病羊时，要根据疾病的性质、发病程度、有无隔离条件等情况，采用禁宰、隔离观察、急宰等符合规定的方法处理，并对相关环境、场所实施消毒。

（1）合格处理　经入厂查验，动物检疫合格证明有效、证物相符、畜禽标识（耳标）符合要求且耳标与动物检疫合格证明登记的耳标号对应、临床检查健康，可卸载入厂（图4-10），并回收动物检疫合格证明。按产地分圈将羊送入待宰圈休息（图4-11）。经宰前检查确认健康的，准予屠宰。

图4-10　卸载入厂

图4-11　待宰圈休息（按产地分圈）

(2) 不合格处理 经入厂监督查验，不符合《羊屠宰检疫规程》（农医发〔2010〕27号 附件4）规定条件的（如检疫合格证明无效、证物不符、未佩戴畜禽标识、患有规定的传染病和寄生虫病、发病或疑似发病等情况），按《中华人民共和国动物防疫法》及《病死及病害动物无害化处理技术规范》（农医发〔2017〕25号）等有关规定处理。

①确认羊患有口蹄疫、痒病、小反刍兽疫、绵羊痘和山羊痘、炭疽等疫病症状的，禁止屠宰，用不放血方法扑杀，尸体销毁。发现有布鲁氏菌病症状的病羊要扑杀，尸体销毁；同群羊隔离观察，确认无异常的，准予屠宰。

②发现患有其他疫病的，隔离观察后，确认无异常的，准予屠宰。

③对患有一般疫病、普通病和其他病理损害的，以及长途运输中出现的应激性疾病的，确认为无碍于肉食安全且濒临死亡的羊只，视情况进行急宰。可疑病羊，经过饮水和充分休息后，恢复正常的，可以转入待宰圈；症状仍不见缓解的，送往急宰间急宰处理。

④凡病羊、死因不明的死羊尸体不得屠宰食用，须用不漏水工具送至无害化处理车间进行无害化处理。

6. 宰前检验检疫的注意事项

(1) 消毒

①入厂消毒。羊进入屠宰厂卸载后，货主应对运输工具及相关物品等进行消毒。

②平时消毒。每天对待宰圈、隔离圈、急宰间、检验检疫室及相关设施等进行消毒（图4-12）。

图4-12 羊圈舍喷洒消毒

③发现疫病后消毒。宰前检验检疫发现病羊后，对患病羊停留场所、处理场所等进行彻底消毒。

（2）疫情报告　宰前检验检疫发现口蹄疫、痒病、小反刍兽疫、绵羊痘和山羊痘、炭疽等疫病症状的，要立即向当地兽医部门报告疫情。

（3）结果记录　宰前检验检疫结束后，应详细记录入厂监督查验、检疫申报、宰前临床检查等环节的情况。发现传染病时，除按规定处理外应记录备案。屠宰检验检疫记录应按规定妥善保存，以便统计和查考。

【实际操作】

1. 羊只宰前检验检疫的程序

厂方应凭借动物检疫合格证明和羊只佩戴畜禽标识作为申报检疫的前置条件，在羊只屠宰前 6h，填写检疫申报单（图 4 - 9），申报检疫。官方兽医接到检疫申报后要按照《中华人民共和国动物防疫法》《动物检疫管理办法》（农业部令 2010 年第 6 号）和有关规范性文件的规定，决定是否予以受理。符合规定条件的予以受理，及时实施宰前检疫；不符合规定条件的不予受理，并书面说明不予受理的原因。申报和受理均应采取现场申报方式。屠宰企业按照《牛羊屠宰产品品质检验规程》规定的程序实施宰前检验，包括验收检验、待宰检验、送宰检验等。

2. 羊只宰前检验检疫

根据《羊屠宰检疫规程》（农医发〔2010〕27 号　附件 4）和《牛羊屠宰产品品质检验规程》（GB 18393—2001）等对羊只群体的动态、静态、体温等进行全面检查，尤其加强对羊只的精神状况、体温、可视黏膜、排泄动作及排泄物性状等方面的检查。此外，还要按照相关规定，对羊只开展"瘦肉精"等检测（图 4 - 13，表 4 - 2）。

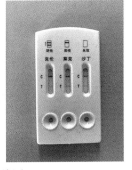

图 4 - 13　"瘦肉精"检测

表4-2 宰前检查相关要求示例

环节	检验内容	具体检查方法	出具表单	处理办法
宰前检查	羊只精神状态	观察羊只是否萎靡不振、兴奋等状态	—	一旦发现精神状态欠佳的羊只，必须隔离观察，做进一步诊断
	耳、鼻、舌、眼	观察羊只头部耳、舌、眼部位是否有脓包症状，口、鼻部是否生疮	—	发现有异常情况羊只，需隔离观察，进一步确认异常情况
	痘病	对羊只毛少部位进行触摸检查，观察看是否有痘病症状	—	一旦发现痘病必须隔离，并进行无害化处理
	羊外生殖器	通过检查羊睾丸是否有肿大症状来鉴定羊体是否健康	—	如果发现睾丸异常肿大，需进一步诊断病情
	"瘦肉精"	在羊卸载时或在待宰圈中，按照3%～5%的比例接取羊尿液，再采用胶体金免疫层析法对莱克多巴胺、盐酸克伦特罗和沙丁胺醇等"瘦肉精"进行检测	"瘦肉精"检验报告单	检出"瘦肉精"的羊只不得入厂屠宰，并报上一级兽医主管部门处理
	体温	按照随机抽样方法对羊体温进行抽检	—	体温异常羊只隔离观察，进一步诊断后，体温高、无病态的可送宰

羊只的宰前检验检疫包括了入厂验收检验检疫、待宰期间检验检疫和送宰检验检疫等环节，宰前检验检疫结果分为准宰、缓宰、急宰和禁宰4种，具体内容见表4-3。对于宰前检查合格的羊只，准予屠宰，准宰通知单示例见图4-14。

表4-3 宰前检查结果处理

处理结果分类	详细操作
准宰	经检疫合格后进入屠宰间
缓宰	发现异常情况隔离观察后，确认为健康的准宰；否则，根据情况分为急宰或禁宰
急宰	严重伤残且无妨碍食品安全的，在急宰间进行紧急屠宰
禁宰	口蹄疫、痒病、小反刍兽疫、绵羊痘和山羊痘属于一类动物疫病，布鲁氏菌病、炭疽、棘球蚴病为二类动物疫病。经检疫确认为一、二类重大动物疫病的羊只，应采取不放血的方法扑杀后做工业用或无害化处理，严禁屠宰。填写无害化处理通知单对问题羊只进行无害化处理

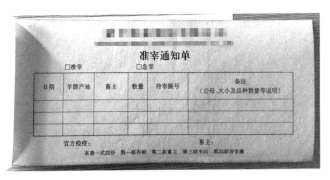

图 4 - 14　准宰通知单示例

四、送　宰

【标准原文】

4.4　宜按"先入栏先屠宰"的原则分栏送宰，按户进行编号。送宰羊通过屠宰通道时，按顺序赶送，不得采用硬器击打。

【内容解读】

本条款对羊送宰环节进行规定。

标准明确了宜按"先入栏先屠宰"的原则要求，按户进行编号，按照顺序屠宰，能够为后期产品追溯奠定基础。标准强调"不得采用硬器击打"羊只，硬器击打易造成羊只皮张破损、皮下肌肉淤肿、羊只出现应激反应等问题，严重影响羊肉产品品质。

【实际操作】

在羊的分栏送宰环节，驱赶羊时应有耐心，禁止殴打羊只，应避免对羊只的人为损伤；赶羊杜绝使用硬器，也不允许出现脚踢等野蛮动作，可以使用赶羊拍等工具。分栏送宰时，可以使用头羊引领，羊送宰时也可以使用羊V形限制输送机（图 4 - 15）。

图 4 - 15　羊 V 形限制输送机

第 5 章

屠宰操作程序及要求

一、致 昏

【标准原文】

5 屠宰操作程序和要求

5.1 致昏

5.1.1 宰杀前应对羊致昏，宜采用电致昏的方法。羊致昏后，应心脏跳动，呈昏迷状态，不应致死或反复致昏。

5.1.2 采用电致昏时，应根据羊品种和规格适当调整电压、电流和致昏时间等参数，保持良好的电接触。

5.1.3 致昏设备的控制参数应适时监控，并保存相关记录。

【内容解读】

本条款是对羊致昏的要求。

1. 羊的致昏要求

采用电致昏使羊昏迷但不致死，有利于安全操作，且符合动物福利要求。如果反复致昏，对羊的应激极大，极易产生异质羊肉，或使羊发生死亡，放血时会影响沥血效果。所以，规定"羊致昏后应心脏跳动，呈昏迷状态，不应致死或反复致昏"。

羊致昏前无淋浴环节。本操作环节与牛屠宰相比少了淋浴，主要因为淋浴会增加羊皮剥皮难度，以及皮张熟化的过程中会出现扎皮现象。

2. 羊的致昏方式

羊的屠宰前的致昏是羊工业化屠宰的一个重要环节，也是动物福利的要求。它是指采用物理或化学的方法使羊在无痛苦或痛苦较小的状态下失去意识和知觉，但保持心跳和呼吸，并保证在后续的屠宰过程中意识不恢复的过程。通常使用的动物宰前致昏方式包括机械致昏、电致昏和气体（如 CO_2）致昏。从动物福利的角度上看，致昏的首要作用是使动物失去对痛的知觉。屠宰前先将羊致昏，可以防止羊只在屠宰中因恐惧造成血液剧烈流动而积存在肌肉内，使得放血不充分，从而影响羊肉的品质。但是，致昏也会带来一些不利影响，如诱导癫痫反应，发生甩头、蹬脚等情况，带来肌肉渗血、皮下出血和断骨等屠体损伤。为尽可能减少致昏对肉品品质的影响，致昏时需要固定装置以确保羊只稳定，可采用人工固定羊只，也可以使用适当的金属击晕箱固定。

（1）**电致昏**　电致昏是利用一定强度电流在很短时间内将动物电击致昏的操作。有研究认为，动物致昏的最佳方式就是电致昏。与机械致昏和气体致昏相比，电致昏清洁干净、使用方便、价格低廉并相对安全。从国际上看，电致昏是欧盟法律规定的强制性宰前程序，也是欧洲各国商业化屠宰过程中最为常见的致昏方式。电致昏技术在猪、羊、禽类和兔等屠宰过程中被广泛应用。

使用电致昏时，应根据羊的品种和规格等实际情况设定合理的电压、电流和致昏时间。电致昏时，使用的电流、电压的大小直接影响羊的动物福利和羊肉的品质。电致昏操作时，使用适当的电流通过羊脑部，会造成羊脑部癫痫，导致羊昏迷；同时，会造成羊心室颤动（心脏快速而无节奏的跳动），全身肌肉发生高度痉挛和抽搐，可达到良好的放血效果。如果电压过高或麻电时间过长，会引起羊呼吸中枢和血管运动中枢麻痹，导致心力衰竭，心脏收缩无力而致呛血，使放血不全，在后续过程血水容易渗透，出现血点、血肉等不良现象，也容易导致羊骨折，甚至死亡。如果使用的电压过低或麻电时间过短，则达不到麻痹感觉神经的目的，导致羊的应激反应加剧，也会给肉品品质带来不利影响。

（2）**机械致昏**　羊的机械致昏是指使用弩枪、火枪、铁锤等在羊的头部施加一个强大的作用力，使羊脑部剧烈损伤，从而造成羊失去知觉的宰前致昏方法。其中，弩枪致昏可分为颅骨击穿和颅骨不击穿2种，其原理是根据实际需要，选取不同直径和长度的枪栓，射击击穿颅骨进入羊大脑，通过对大脑的破坏、颅内压的改变及强烈的冲击对羊只进行致昏。非击穿弩枪的枪栓顶端呈扁圆的蘑菇形，通过对羊大脑外面的颅骨打击造成羊晕厥，这种弩枪常用在伊斯兰教地区屠宰动物。火枪致昏与弩枪致昏原理类似，射击使用的是空心子弹、塑料和钢合制子弹，在对羊只进行致昏时仅需使用小口径火枪。有角羊只射击的位置是头的后部，射击的方向为朝下巴角度，无角羊只射击的位置是头顶部中线。为保证致昏的准确性，应对操作人员进行充分培训，在大型屠宰厂建议有两名操作员轮流操作。

铁锤致昏法是使用重锤猛击羊的前额，使羊昏倒，这种机械致昏方法在羊屠宰线上难以满足动物福利和流水线宰杀的要求，对操作人员体力消耗大，易影响准确性，造成多次击打，对羊的应激极大，极易产生异质羊肉，此类致昏方式基本已被淘汰。

3. 致昏设备的监控和记录

对致昏设备的控制参数进行适时监控，有利于实时掌握致昏设备状态，防止参数设置错误。对致昏设备的控制参数进行记录，有利于对参数的掌握，总结操作经验，不断对参数进行优化，提升致昏效果。

【实际操作】

1. 致昏方式

将羊赶入致昏间，使用固定装置固定羊头，操作人员先戴上绝缘橡胶手套。对羊进行电致昏时，手持麻电器将前端扣在羊的鼻唇部，后端按在羊耳眼之间的延脑区即可。

在操作过程中，麻电使用的电压和麻电时间应根据具体的羊只品种、产地、季节及个体大小等适当调整，以羊昏倒为适度。联合国粮食及农业组织推荐对羊只电致昏时使用的参数范围是：电压 75V～125V，电流 1A～1.25A，电致昏持续时间 3s～10s。

2. 致昏设备的监控和记录

生产过程需监控致昏设备的运行参数，如电压、电流、频率和时间等，并保存相关记录，致昏参数应在设计时考虑到在线监控的需要。

二、吊　　挂

【标准原文】

5.2　吊挂

5.2.1　将羊的后蹄挂在轨道链钩上，匀速提升至宰杀轨道。

5.2.2　从致昏挂羊到宰杀放血的间隔时间不超过 1.5min。

【内容解读】

本条款对羊的吊挂进行规定。

1. 羊的吊挂提升

吊挂是将羊挂至轨道链钩上的过程，区别于使用其他方式进行屠宰的操作，如采用捆扎四蹄的方式固定羊只。采用吊挂屠宰方式，有利于后续屠宰工艺操作，并防止交叉污染，更好地保证羊肉的品质。

2. 致昏到放血的间隔时间

为保证动物福利，致昏与放血之间的时间间隔应当尽量短，避免出现放血后因羊只恢复知觉而挣扎的情况。根据文献资料，羊致昏时间一般在2min 左右，本条款确定为 1.5min，也参考了猪屠宰从致昏到刺杀放血的间隔时间不超过 1.5min。如果时间大于 2min，刺杀放血时羊只就会苏醒，便失去了致昏的意义，还影响后续生产效率，增加操作人员安全风险。挂羊迅速，有助于减轻羊只的应激反应，使羊只在清醒前已被挂起宰杀。

【实际操作】

1. 羊的吊挂提升

羊致昏后，将扣脚链扣紧羊的右后蹄，匀速提升，使羊的后腿部接近输送机轨道，再将羊挂至宰杀轨道的链钩上（图 5-1、彩图 1）。

图 5-1　吊挂

2. 致昏到放血的间隔时间

羊只致昏后，1.5min 内对羊进行宰杀。

三、宰杀放血

【标准原文】

5.3 宰杀放血

5.3.1 宜从羊喉部下刀，横向切断三管（食管、气管和血管）。

5.3.2 宰杀放血刀每次使用后，应使用不低于 82℃ 的热水消毒。

5.3.3 沥血时间不应少于 5min。沥血后，可采用剥皮（5.4）或者烫毛、脱毛（5.5）工艺进行后序操作。

【内容解读】

本条款对羊宰杀放血的方式和时间进行规定。

1. 羊的宰杀方式

宰杀放血是采用不同方式使羊体内血液快速流出，使羊在较短时间内死亡的过程。羊宰杀放血包括刺杀放血、三管齐断放血、心脏刺杀放血和空心刀放血等多种方法。

刺杀放血是采用不同方式割断羊颈部动脉的宰杀方法，这种屠宰方法放血良好，放血的刀口较小，污染面积小。缺点是放血速度较慢，如果放血刀口过大，在烫毛时容易造成污染。

三管齐断放血是在羊颈下缘咽喉部切断气管、食管和血管的宰杀方法，这种方法操作简便，但血液和肌肉易被胃内容物和气管内容物污染。"一刀断三管"，宰杀的速度相对较快，使羊尚未发生应激便完成放血，可减少羊恐慌导致应激肉的产生。本标准建议羊屠宰企业采用横向切断三管的方式宰杀放血，不限制屠宰企业采用其他合理的屠宰方式进行屠宰。

心脏刺杀放血是用刀从颈下直接刺入心脏放血，其优点是放血快，但会因心脏被破坏导致动物放血不全，且胸腔内易积血。心脏刺杀放血的具体操作是：操作人员一手抓住羊前腿，另一手握刀，刀尖向上，刀锋向前，向羊心脏方向刺入，再侧刀下拖切断颈动脉和颈静脉，不得刺破心脏。刺杀放血刀口长度约 5cm。

空心刀放血是利用中空采血装置完成放血和血液收集的宰杀方法。如

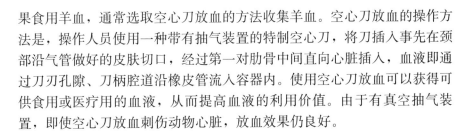

果食用羊血，通常选取空心刀放血的方法收集羊血。空心刀放血的操作方法是，操作人员使用一种带有抽气装置的特制空心刀，将刀插入事先在颈部沿气管做好的皮肤切口，经过第一对肋骨中间直向心脏插入，血液即通过刀刃孔隙、刀柄腔道沿橡皮管流入容器内。使用空心刀放血可以获得可供食用或医疗用的血液，从而提高血液的利用价值。由于有真空抽气装置，即使空心刀放血刺伤动物心脏，放血效果仍良好。

2. 刀具消毒

刀具消毒是防止屠宰交叉污染的重要措施，消毒水温度和消毒时间是保证消毒效果的重要条件，对消毒水温度和消毒时间提出明确的要求是有效规范消毒效果的一种方法，本标准采用《食品安全国家标准　畜禽屠宰加工卫生规范》（GB 12694—2016）规定的"消毒用热水温度不应低于82℃"的要求。羊的皮毛上通常带有污泥、微生物等污染物，对羊进行宰杀时刀具会被污染，放血后刀具还会被血液污染。为防止交叉污染，每次使用后均需对宰杀放血刀进行消毒。

3. 沥血时间

动物放血完全与否是影响肉品质量的重要因素。放血充分的羊屠体，其大血管内血液都已排出，屠体肌肉和内脏中含血量少，肉的颜色较淡，耐储藏性更好。通常羊放出的血量占羊全身血量的50%～60%，其余的还残留在组织中，以内脏器官中为主，肌肉中残留较少。放血良好的羊只，其放血量为羊体重的3.2%～3.5%。

沥血时间不得少于5min，参考《牛羊屠宰与分割车间设计规范》（GB 51225—2017）中6.2.4规定的"羊放血不得少于5min"。长期的生产经验也表明，至少5min的沥血时间方可保证羊屠体内的血液充分排出，保证羊肉的品质。

根据生产工艺需求，有生产剥皮羊和带皮羊的区别，沥血后可分别选取后续的相应工序操作。

【实际操作】

1. 羊的宰杀方式

（1）宰杀方式　"一刀断三管"的具体操作方法是采用细长型的屠宰刀消毒后，操作人员一手按住羊的下颌，另一只手从羊喉部下刀，一刀横向切断羊的食管、气管和血管（图5-2、彩图2）。

图 5-2　宰杀放血

（2）放血方式　羊的放血方式有倒立放血和卧式放血。倒立放血是用吊链挂住羊只的后腿，通过提升装置将羊输送至宰杀放血轨道上，再使用适当的方式宰杀放血（图 5-3）。卧式放血是用 V 形输送机将羊只输送到屠宰车间，在输送机上采用手持麻电器对羊进行致昏，随后在放血台上对羊进行刺杀放血。

图 5-3　羊倒立放血输送机

2. 刀具消毒

刺杀放血刀每完成一只羊的放血工作后，使用 82℃ 以上的热水进行消毒，至少两把刀轮换使用，避免交叉感染。

3. 沥血时间

羊刺杀放血后，在倒挂的状态下沥血时间不少于 5min（图 5-4、彩图3）。

图 5 - 4　沥血

四、剥　　皮

【标准原文】

5.4　剥皮

5.4.1　预剥皮

5.4.1.1　挑裆、剥后腿皮

环切跗关节皮肤，使后蹄皮和后腿皮上下分离，沿后腿内侧横向划开皮肤并将后腿皮剥离开，同时将裆部生殖器皮剥离。

5.4.1.2　划腹胸线

从裆部沿腹部中线将皮划开至剑状软骨处，初步剥离腹部皮肤，然后握住羊胸部中间位置皮毛，用刀沿胸部正中线划至羊脖下方。

5.4.1.3　剥胸腹部

将腹部、胸部两侧皮剥离，剥至肩胛位置。

5.4.1.4　剥前腿皮

沿羊前腿趾关节中线处将皮挑开，从左右两侧将前腿外侧皮剥至肩胛骨位置，刀不应伤及屠体。

5.4.1.5　剥羊脖

沿羊脖喉部中线将皮向两侧剥离开。

5.4.1.6 剥尾部皮

将羊尾内侧皮沿中线划开，从左右两侧剥离羊尾皮。

5.4.1.7 捶皮

手工或使用机械方式用力快速捶击肩部或臀部的皮与屠体之间部位，使皮与屠体分离。

5.4.2 扯皮

采用人工或机械方式扯皮。扯下的皮张应完整、无破裂、不带膘肉。屠体不带碎皮，肌膜完整。扯皮方法如下：

a) 人工扯皮：从背部将羊皮扯掉，扯下的羊皮送至皮张存储间。

b) 机械扯皮：预剥皮后的羊胴体输送到扯皮设备，由扯皮机匀速拽下羊皮，扯下的羊皮送至皮张存储间。

【内容解读】

本条款对羊剥皮操作进行规定。

羊皮是羊屠宰中产生的非常重要的副产品，为了保证羊皮的完整性，在放血之后要立即实施剥皮。剥皮是将皮从屠体剥离的过程，有机械剥皮和人工剥皮 2 种方式。机械剥皮是采用剥皮机将皮从屠体剥离的剥皮方式，人工剥皮是采用手工将皮从屠体剥离的剥皮方式。

为方便后续的完整剥皮，首先要进行羊皮的预剥，即将羊腿部、腹部、胸部、羊脖、尾部等部位的皮从羊屠体剥开。预剥可分为立式预剥和卧式预剥，立式预剥是屠体垂直于地面进行的预剥方式，卧式预剥是屠体平行于地面进行的预剥方式。

1. 预剥皮

(1) 挑裆、剥后腿皮

①吊挂羊只的后腿向上，因此需先剥后腿皮，在后续操作上也自然、省力。

②跗关节有 4 个关节腔、1 对强的侧韧带。从该处环切后腿皮，既可为切后蹄创造条件，又便于剥后腿皮，再加上后腿内侧的皮覆盖的羊毛较少，从后腿内侧划开后腿皮阻力较小，方便下刀。因此，本标准规定先环切后腿的跗关节皮肤。

③后腿内侧生殖器形状不规则，需要手工操作。划开后腿内侧皮后，将裆部生殖器皮剥离。

(2) 划腹胸线 以剑状软骨为节点，向裆部的角度和向脖头的角度呈反方向。因此，划腹线和胸线的操作需要操作 2 刀。顺着裆部切开的皮先

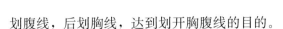

划腹线，后划胸线，达到划开胸腹线的目的。

（3）剥腹胸部

①腹部两侧羊皮不定性，使用机械剥离难度较大，需要预剥。

②预剥腹部工序，是为机械扯皮工序做预处理准备，保证扯皮工序中背部的羊皮和屠体分离时不破坏羊屠体肌膜。

（4）剥前腿皮

①羊前腿中线处附着的毛较少，方便下刀，从趾关节中线挑开比较容易。

②前腿皮一般与前腿的肉质部分附着较结实。所以，须借助刀具剥皮，以保证后续的扯皮过程顺利进行。

如果企业采用水平预剥的方式，在剥前腿皮之前，将两只羊前蹄挂起，再进入转挂工序。

（5）剥羊脖 羊脖的皮毛致密，在划开胸腹线后，顺手划开羊脖的皮毛相对容易。

（6）剥尾部皮 羊尾内侧皮上羊毛较少，选择从羊尾内侧中心线划开羊皮，从左右剥离羊尾皮，使得后续工序扯皮顺利。同时，提前剥离羊尾皮张，在扯皮工序中尾部的羊皮和尾部脂肪分离时不会破坏羊皮，还可减少羊皮粘连尾部脂肪。

（7）捶皮

①肩部连接腹部、胸部，皮下连接较松弛，后腿连接胯部三角区，皮下连接紧密，须借助刀具。因此，捶皮要从羊的肩部或者臀部进行。

②捶皮工序是为机械扯皮工序做预处理准备。此外，由于屠宰羊只个体小，捶皮也利于扯皮机夹到足够的羊皮。

2. 扯皮

扯皮是在预剥的基础上，采用卷拉等方式将整张皮从屠体剥离的过程。羊背部的皮较为平展，便于操作时从背两侧分离皮和屠体。因此，可以用扯皮机进行机械扯皮或者用手工扯皮。

扯皮机机架为固定结构，扯皮机均匀向下运动拉下羊皮，随着扯皮滚筒转动和移动或者扯皮链条移动将羊皮扯下。不同扯皮机扯皮的方式不同，分为由上到下的扯皮方式、由下到上的扯皮方式和横向的扯皮方式。不论何种操作方式，均需匀速扯动才能保证屠体和皮张的完整。

颈部皮和屠体相连，前肩皮和屠体经过捶皮脱离，利用两者间空隙固定皮张，然后匀速拉羊皮，致使羊皮自然从羊屠体上剥离。这种操作方法会减少皮张所带膘油，保证屠体的完整。

本标准对扯皮效果做出要求，皮张应完整、无破裂、不带皮下脂肪，屠体不带碎皮，肌膜完整。

【实际操作】

1. 预剥皮

(1) 挑裆、剥后腿皮 采用吊挂羊一只后腿的方式进行预剥皮时，吊挂羊的右腿，将羊正面朝向操作人员方向，操作人员左手攥住左后腿跗关节附近皮毛，右手持刀环切左后腿的跗关节毛皮，使左后蹄皮和后腿皮上下分离。随后，从跗关节下刀沿后腿内侧横向划开皮肤，一直划到吊挂的后腿跗关节处，使之成为一条横线，将吊挂的后蹄跗关节毛皮割开，再用刀向腿两侧划开皮肤，将两只后腿的皮剥至小腿跗关节，同时将生殖器皮张剥离（图5-5、彩图4）。采用吊挂羊两只后腿的方式进行预剥皮时，操作中不需环切跗关节毛皮。

图5-5 剥后腿皮

(2) 划腹胸线 左手扯住羊裆部附近的羊皮，右手持刀，从裆部下刀，刀深入腹部一侧的皮下，沿腹部中线将羊皮划开至剑状软骨处，划的过程中初步剥离腹部皮肤；然后，左手握住羊胸部中间位置皮毛，右手继续用刀向下划开两侧胸部皮张，沿着胸部正中线划至羊脖下方（图5-6、彩图5）。腹部和胸部的硬度不一样，操作时划腹线和划胸线使用的力度不同。

(3) 剥胸腹部皮 将羊皮与屠体剥离开，方法是左手攥羊腹部的皮，

图 5-6　划腹胸线

右手持刀从上往下将腹部的皮张预剥开［图 5-7（a）、（b）］，再往下划开胸部皮［图 5-7（c）］。

分离羊皮与皮上的肉。操作人员左手攥住羊腹部毛皮，右手持刀在腹部羊皮的皮肉交接处下刀，先在腹部皮边缘从上往下将皮上的肉划开一刀［图 5-7（d）］，用刀沿着这个刀口向内划，将腹部皮上的肉剥离［图 5-7（e）、（f）］，再继续往下剥开胸部皮上的肉［图 5-7（g）、彩图 6，图 5-7（h）］，剥至肩胛部位［图 5-7（i）］。分离完胸腹一侧的皮和肉，再分离另一侧。

　　　（a）　　　　　　　　　　（b）　　　　　　　　　　（c）

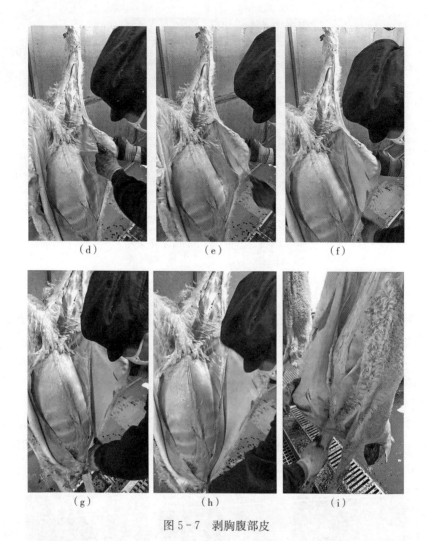

图 5-7　剥胸腹部皮

　　预剥划切羊皮时，要利用自然张力，轻提羊皮进行分离。剥离的时候注意不要划破羊皮，也不要划伤屠体，皮张上最好不要带肉。

　　（4）剥前腿皮　操作人员左手攥住肩胛部位羊皮，右手持刀，从羊左前腿外侧羊皮与屠体交界处下刀［图 5-8（a）］，沿羊这只前腿趾关节中线处将皮挑开［图 5-8（b）］，再用刀从左右两侧将前腿外侧皮剥至肩胛骨位置［图 5-8（c）、彩图 7］，剥完左前腿再剥右前腿［图 5-8（d）至（f）］。

　　操作时，刀不应伤及屠体。划切羊皮时，轻提羊皮，利用自然张力分离皮张，减少损伤羊皮风险，还可保证羊屠体肌膜完整。

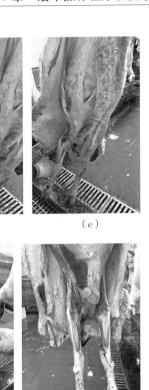

（a）　　　　　　　（b）　　　　　　　（c）

（d）　　　　　　　（e）　　　　　　　（f）

图 5-8　剥前腿皮

（5）剥羊脖　为方便剥羊脖、剥尾部皮等工序，可在剥羊脖工序前将羊两只前蹄进行转挂（图 5-9、彩图 8）。操作人员一只手抓住吊挂夹，另一只手抓住羊的前蹄将其夹在吊挂夹上。

图 5-9　前蹄转挂

剥羊脖时，操作人员左手攥住羊颈部皮毛，右手沿羊脖喉部中线将皮划开，再用刀将颈部皮向两侧剥离开（图 5-10、彩图 9）。

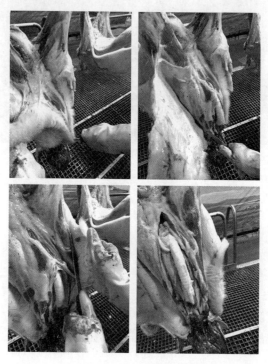

图 5-10　剥颈部皮

剥完羊脖后开展宰后检验检疫，主要检查的内容为脖、头的淋巴结。

（6）剥尾部皮　操作人员一只手握羊尾部皮，另一只手用刀将羊尾内侧皮沿中线划开，从左右两侧剥离羊尾皮（图 5-11、彩图 10）。

图 5-11　剥尾部皮

(7) 捶皮 操作时，操作人员左手抓住羊前腿皮张，右手或用机械力快速捶击肩部或臀部的皮与屠体之间部位，使皮张与屠体分离（图 5 - 12、彩图 11）。在捶皮时，肩部、胸腹部皮下连接较松弛易分离，捶皮中要保证肩背部皮和屠体彻底分离，保证皮的完整。

图 5 - 12　捶皮

2. 扯皮

人工扯皮时，先用刀将头和 4 只羊腿的皮剥开，抓住前腿或者后腿的剥离的皮，从背部将羊皮扯掉，扯下的羊皮送至皮张存储间。注意在扯皮的过程中力求用力均匀，避免损伤皮张，保证皮张完整不破裂，皮上不带皮下脂肪，并且双手不可接触屠体，避免污染。

机械扯皮分立式扯皮和卧式扯皮 2 种，机械扯皮在手工预扯后进行。以立式扯皮为例，将预剥完的羊屠体输送到扯皮设备旁，操作人员面朝羊背部，双手将羊后腰部的羊皮向羊屠体方向内卷，再将卷好的羊皮夹在立式剥皮机的两根扯皮的柱子中间，随着剥皮机转动，将羊皮徐徐拽下（图 5 - 13、

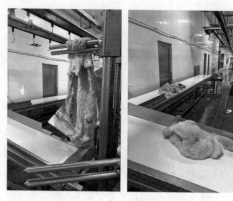

图 5 - 13　机械扯皮

彩图 12）。剥皮都要匀速扯皮，以保证皮张完整、无破裂、不带皮下脂肪。屠体应不带碎皮，肌膜完整。目前，大部分企业以立式扯皮为主。

五、烫毛、脱毛

【标准原文】

5.5　烫毛、脱毛

5.5.1　烫毛

沥血后的羊屠体宜用 65℃～70℃的热水浸烫 1.5min～2.5min。

5.5.2　脱毛

烫毛后，应立即送入脱毛设备脱毛，不应损伤屠体。脱毛后迅速冷却至常温，去除屠体上的残毛。

【内容解读】

本条款对带皮羊的浸烫和脱毛工艺进行规定。

羊皮中含有胶原蛋白等丰富的营养物质，我国南方有食用带皮羊肉的习惯，在羊屠宰工艺中不剥离羊皮。对于带皮羊的屠宰，在刺杀沥血后需对羊进行烫毛和脱毛。

1. 烫毛

烫毛是将羊屠体进行热烫的过程，其目的是使毛孔扩张，更易脱毛。羊的烫毛方法包括吊挂烫毛和烫毛池烫毛。

吊挂烫毛包括喷淋式烫毛、蒸汽式烫毛等。喷淋式烫毛是将悬挂输送的羊屠体通过喷淋热水烫毛；蒸汽式烫毛是用一定温度的饱和蒸汽对悬挂输送的羊屠体进行烫毛。吊挂烫毛从羊刺杀放血到脱毛均是吊挂进行，羊屠体不脱钩，直接悬挂进入烫毛隧道，用适宜温度的热水喷淋或蒸汽浸烫。采用吊挂烫毛方式，屠体不会受到烫池水的交叉污染，免除脱钩操作的环节，也提升了屠宰线的效率。但是，吊挂烫毛成本通常较高，而采用蒸汽式烫毛冷却速度较快，容易出现屠体表面干燥不匀现象，影响烫毛效果。

烫毛池烫毛是将放血后的羊屠体从悬挂轨道上卸入装有一定温度热水的烫毛池内浸烫，这是我国羊屠宰企业中浸烫脱毛最为常见的一种烫毛方式。羊屠体在烫毛池中借助推挡机或人工前后翻动向前运动。烫毛对羊肉的品质有直接影响，烫毛有一个升温的过程，如果烫毛温度过高、时间过长，容易出现烫老、烫熟的现象，还容易造成羊屠体体表破损；如果烫毛温度过低、时间过短，会出现烫生现象，后续脱毛中脱不净。因此，在实际操作中，应根据羊屠体大小、品种、年龄、气温，结合烫毛设备的特征，选择合适的烫毛温度和时间。

根据企业生产经验，68℃左右的热水温度是羊屠体毛孔松开的温度，也是皮下脂肪熔化的温度，这个温度下羊毛较容易脱掉，高于该温度，羊皮接近烫熟，毛孔紧缩，反而较难脱下羊毛。绵羊毛致密，热气不易疏散，所需时间相对较短；山羊毛疏松，热气较容易散发，所需时间相对较长，但均以轻易用手抓掉羊毛为宜，避免过度浸烫而导致打毛时破坏羊屠体。

标准中规定水温控制在65℃～70℃，一是水温过高不利于屠体降温；二是温度过高会使表皮层角质层熟化，不易脱毛。企业可以根据自身实际，选取适宜的烫毛方式。因此，本标准中规定"沥血后的羊屠体宜用65℃～70℃的热水浸烫1.5min～2.5min"。

烫池的水宜能持续进水和出水（活水），否则至少要每班更换1次烫池的水。

2. 脱毛

脱毛（煺毛）是将毛从烫毛后的羊体表去除的过程。浸烫后的羊屠体表面毛孔疏松，羊毛容易脱落。因此，烫毛后羊屠体要立即送入脱毛设备。脱毛后需要冷却，使毛孔立即收缩，以免污染屠体。再修刮屠体残毛，以使羊皮更洁净。羊的脱毛方式有机械脱毛和手工刮毛，大中型企业大多数都使用机械方式脱毛，通常使用滚筒式刮毛机进行脱毛。

【实际操作】

1. 烫毛

将放血后羊的屠体从悬挂轨道上卸入装有 65℃～70℃温度热水的烫毛池内，浸烫 1.5min～2.5min。羊屠体进入烫毛池前可设置洗刷装置，在放血之后入烫池（剥皮）之前摘除甲状腺。屠宰量较大时，应 2h～4h 更换 1 次浸烫水（图 5-14，图 5-15）。

图 5-14　绵羊烫毛

图 5-15　山羊烫毛

操作中，对于羊肷窝、四肢等绒毛密集部位，采用专用工具浇淋热水可进一步提高脱毛效果。烫毛后，应对烫毛效果进行检验。可用专用工具或防烫手套检查浸烫的羊体表烫毛效果，当所检验部位 95% 的羊毛烫掉时即可转入脱毛工序。

2. 脱毛

羊屠体浸烫完毕后由传送带自动传送进入刮毛机，机内装有的喷水管对羊体进行温水喷淋，温水喷淋的水温应在 59℃～62℃。按照机器的具体参数每次放入适宜数量的羊只，脱毛中不能使羊肋骨断裂，不能伤皮下脂肪。脱下的羊毛及皮屑通过孔道运出车间，耳根、大腿内侧等未能完全脱净的残毛应通过人工刮去。

对于无脱毛设备的屠宰厂，可采用人工刮毛。其操作方法是先刮去耳部和尾部毛，再刮头和四肢部位的毛，随后刮背部和腹部毛。各地刮毛方式不尽一致，以不损伤屠体、刮毛干净、操作方便为宜。禁止采用吹气、打气刮毛和松香拔毛，避免对肉品的污染。

脱毛后的羊屠体直接采用冷水喷淋等方式将屠体冷却至常温，去除屠体上的残毛。

六、去头、蹄

【标准原文】

5.6　去头、蹄

5.6.1　去头

固定羊头，从寰椎处将羊头割下，挂（放）在指定的地方。剥皮羊的去头工序在 5.4.1.7 后进行。

5.6.2　去蹄

从腕关节切下前蹄，从跗关节处切下后蹄，挂（放）在指定的地方。

【内容解读】

本条款对去头、蹄进行规定。

1. 去头

（1）可以采用人工固定和机械固定 2 种方式固定羊头。寰椎是头与躯干的连接点，选择寰椎处下刀，既保证羊头的完整，又能使屠体的脖、头断面平齐，操作上也省力、便捷。因此，本标准规定从寰椎处将羊头割下。

（2）对于有同步轨道的设备，应将羊头放置在同步轨道线上；没有同步轨道的设备，应对屠体、头、蹄、内脏进行编号，便于同步检验。

（3）剥皮羊的去头可以在捶皮后进行。

2. 去蹄

腕关节、趾关节的周围韧带、神经分布丰富，关节软骨处血管和神经分布较少，一般不会出现血迹。故去蹄一般选择在腕关节、趾关节关节软骨处。

【实际操作】

1. 去头

操作人员一只手抓住羊的下颌将羊头固定，另一只手用已消毒的刀从寰椎处垂直切断羊颈部。随后一手抓下颌，一手抓羊两耳之间，双手将头扭转180°，使羊头和颈部分离。最后用刀将羊头后部连接屠体的皮划开，将羊头卸下，挂（放）在指定地方（图 5-16、彩图 13）。羊头卸下后要及时对其进行检验。

图 5-16 去头

2. 去蹄

先去后蹄，操作人员一手抓羊后蹄，另一只手持去蹄器，从后腿的跗关节处，将羊的两只后蹄分别割下，并将羊蹄挂（放）在指定的位置（图 5-17、彩图 14）。操作人员下刀要准确，操作完成后对刀具进行消毒。

接下来对后腿进行转挂。操作人员一手拿起一个挂钩，一手抓羊后腿，将挂钩两端钩住两只羊后腿，再将挂钩上方挂在轨道上，完成转挂（图 5-18、彩图 15）。

下一道工序是去前蹄。操作人员一手抓羊前蹄，一手持羊蹄剪，从前腿的腕关节下刀，分别切下两只羊前蹄，挂（放）入指定的容器中

62

（图 5 - 19、彩图 16）。

图 5 - 17　去后蹄

图 5 - 18　转挂后腿

图 5 - 19　去前蹄

七、取 内 脏

【标准原文】

5.7　取内脏

5.7.1　结扎食管

划开食管和颈部肌肉相连部位，将食管和气管分开。把胸腔前口的气管剥离后，手工或使用结扎器结扎食管，避免食管内容物污染屠体。

5.7.2　切肛

刀刺入肛门外围，沿肛门四周与其周围组织割开并剥离，分开直肠头垂直放入骨盆内；或用开肛设备对准羊的肛门，将探头深入肛门，启动开关，利用环形刀将直肠与羊体分离。肛门周围应少带肉，肠头脱离括约肌，不应割破直肠。

5.7.3　开腔

从肷部下刀，沿腹中线划开腹壁膜至剑状软骨处。下刀时，不应损伤脏器。

5.7.4　取白脏

采用以下人工或机械方式取白脏：

a)　人工方式：用一只手扯出直肠，另一只手伸入腹腔，按压胃部同时抓住食管将白脏取出，放在指定位置。保持脏器完好。

b)　机械方式：使用吸附设备把白脏从羊的腹腔取出。

5.7.5　取红脏

采用以下人工或机械方式取红脏：

a)　人工方式：持刀紧贴胸腔内壁切开膈肌，拉出气管，取出心、肺、肝，放在指定的位置。保持脏器完好。

　　b)　机械方式：使用吸附设备把红脏从羊的胸腔取出。

【内容解读】

本条款对取羊内脏进行规定。

1. 结扎食管

结扎食管是为出腔工序做预处理准备，方便出腔。羊宰杀时被吊起倒挂，瘤胃内食料和液体等由于重力作用会倒流，污染羊屠体、放血盆及地面，通过结扎食管，能够避免这些胃内容物从食管中流出而污染羊屠体。

羊食管和气管相邻，气管在食管的前方，它们共同开口于喉咙部位。因此，要先划开食管和颈部肌肉相连部位。为了结扎食管，还需要先将食管和气管分开，剥离气管。

结扎食管可以采用手工打结的方式，或使用结扎器结扎。

2. 切肛

切肛是为出腔工序做预处理准备，方便出腔。羊的直肠内有大量内容物，因此，切肛过程中要注意不要刺破直肠，以免直肠内容物溢出，污染羊屠体。

切肛的过程为环切，以彻底将直肠末端的肛门与屠体分离。可以采用手工切肛，也可以使用开肛设备。肛门周围应避免带肉。

3. 开腔

开腔是为出腔做预处理准备，避免脏器破损污染羊胴体。由于羊屠体中的食管、肠道、胃、胆囊、膀胱内还存在大量内容物，为防止污染，保证胴体、内脏质量，一般需要在屠体剥皮后或带皮屠体在切肛后迅速进行开腔摘内脏，从放血到摘取内脏的过程不应超过 30min。如果羊屠体被胃肠内容物、胆汁或尿液污染，应立即冲洗干净，另行处理。

开腔时，羊后腿朝上，由于内脏自重向下在裆部留下空腔，白内脏压向胸腔，腹腔肷部相对较空。故从肷部下刀，能有效避免下刀时损伤脏器。

划开腹壁膜时，采用刀尖向外指向皮张的方向可避免损伤内脏，到剑

状软骨处停止，可保持羊红脏的完整性。

4. 净腔

净腔一般先摘取胃、肠、脾等白脏，后摘取心、肝、肺等红脏，并分开放置，并尽快对摘取的内脏进行整理。

（1）取白脏 取白脏可以通过手工的方式，也可以采用机械的方式。手工操作时，因白内脏的内容物相对较多，白脏自重相对较重，所以需要一只手对其固定防护，直肠须扯出；另一只手伸入腹腔抓住食管将白脏取出，滑落过程中需注意不要损伤白脏。

（2）取红脏 膈肌对白脏和红脏进行有效的隔离，所以取红脏的时候需要先将膈肌切开，同时，气管须扯出。红脏出腔的顺序为心、肺、肝。

使用自动设备吸取内脏，按照设备参数设定操作即可。

【实际操作】

1. 结扎食管

操作人员左手找到食管和气管一并拉出，右手用刀划开食管和颈部肌肉相连部位，接着把刀插入气管和食管中间，再分别向两端划开食管和气管的连接处，将食管和气管分开（图 5-20、彩图 17）。把胸腔前口的气管剥离后，手工将食管以打结的方式结扎起来，或使用结扎器结扎食管（图 5-21、彩图 18）。操作过程中要防止食糜污染屠体。

图 5-20　分离食管和气管

图 5-21　结扎食管

2. 切肛

（1）**手工切肛**　操作人员面对羊屠体背面，刀尖朝下，轻轻划开肛门外围皮肉，用食指拉紧肛门周围下刀部位的皮层，用刀刺入肛门外围，绕刀一整圈，割断肛门周围组织，分开直肠头，垂直放入骨盆内（图 5 - 22、彩图 19）。切肛的过程要做到肛门周围少带肉，且不应割破直肠，避免肠内容物污染胴体。

（2）**机械切肛**　用切肛设备机对准羊肛门，将探头伸入肛门，启动开关，利用环形刀将直肠与羊体分离。自动切肛机采用光电技术对羊胴体精确识别定位，能够保证切肛质量，减少肛门带肉率。

图 5 - 22　切肛

3. 开腔

操作人员确定羊只停稳以后，从肷部下刀，从上到下沿腹中线划开腹壁膜至剑状软骨处，露出白脏。在此过程中容易划破内脏及里脊，所以下刀力量要轻，不应损伤脏器（图 5 - 23、彩图 20）。划开腹壁膜时，采用刀尖向外指向皮张的方向可避免损伤内脏。

图 5 - 23　开腔

屠宰母羊时，开腔后用刀将母羊的生殖器去除（图 5 - 24）。

图 5-24　去除母羊生殖器

4. 取白脏

人工方式取白脏的操作方法：操作人员先用刀割开直肠两边的系膜组织，用左手将直肠扯出，右手伸入腹腔，按压胃部同时抓住食管，将白脏取出。

操作时，要防止胃内容物流出，同时不应破坏肠、胃、胆囊（图 5-25、彩图 21）。将白脏取出后，放在指定位置，应保持脏器完好无残留（图 5-26）。白脏应顺着运输线送入检验间。

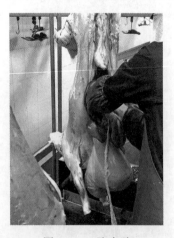

图 5-25　取白脏　　　　　　　　图 5-26　白脏

机械方式取白脏是使用吸附设备，将白脏从羊的腹腔取出。使用自动设备来吸取白脏，按照设备参数设定操作即可。

5. 取红脏

人工方式取红脏的操作方法：操作人员一手抓住肝，一手用刀紧贴胸腔内壁切开两边膈肌；一手顺势将肝下掀，另一只手持刀将连接胸腔和颈部的韧带割断，取出食管、气管、心、肝、肺，不应使其破损，放在指定位置（图 5 - 27、彩图 22，图 5 - 28）。操作过程中应避免划破红脏和里脊，保持脏器完好、无残留，禁止红脏落地及接触胴体。

图 5 - 27　取红脏　　　　　　　　图 5 - 28　红内脏

机械方式取红脏是使用吸附设备，将红脏从羊的胸腔取出。使用自动设备来吸取红脏，按照设备参数设定操作即可。

八、检验检疫

【标准原文】

5.8　检验检疫

同步检验按照 GB 18393 的规定执行，同步检疫按照农医发〔2010〕27 号　附件 4 的规定执行。

【内容解读】

本条款对羊同步检验检疫进行规定。

1. 同步检验检疫

（1）同步检验检疫的定义　同步检验检疫是与屠宰操作相对应，将羊的头、蹄、内脏与胴体生产线同步运行，由相关人员对照检验检疫和综合判断的一种检查方法。宰前未检查出的品质问题需要进一步检查，头、

蹄、内脏、胴体同时进行，任何部位出现问题，均需检查羊只其他部位是否存在问题。一旦有问题，按照《病死及病害动物无害化处理技术规范》（农医发〔2017〕25号）的要求进行无害化处理。

(2) 同步检验检疫的内容　同步检验检疫主要检查《羊屠宰检疫规程》（农医发〔2010〕27号　附件4）规定的8种疫病和《牛羊屠宰产品品质检验规程》（GB 18393—2001）规定的宰前和宰后检验，以及有害腺体和病变组织、器官的摘除等。同时，同步检验检疫也要注意这2个规程规定的检疫对象以外的疫病，以及中毒性疾病、应激性疾病和非法添加物等的检验检疫。

(3) 同步检验检疫的方法　同步检验检疫以感官检验方法为主，如视检、嗅检、触检和剖检。必要时，进行实验室检验。实验室检验的重点是疫病和违禁药物检测，应由具有相关资质的实验室承担，并出具检测报告。

(4) 同步检验检疫的编号要求　同步检验检疫应与屠宰操作相对应，对同一只羊的头、蹄、内脏、胴体甚至皮张等统一编号进行对照检验检疫。流水线上设置了同步检疫装置的屠宰厂，只需将主轨道的胴体上挂编号牌即可，红脏、白脏和头蹄不需编号。无同步检验检疫装置的屠宰厂，须对胴体和离体的红脏、白脏和头蹄进行统一编号。编号方法可以选择贴纸号法和挂牌法等。统一编号有助于找出病变和异常屠体的所有器官并进行无害化处理。

(5) 同步检验检疫的技术要点　同步检验检疫主要是运用兽医病理学、传染病学、寄生虫学和实验室诊断技术等，在高速流水作业条件下，迅速、准确对屠体的状况做出正确判断，这需要掌握各种疫病典型的"特征性病理变化"。同步检验检疫时，应注意以下事项：剖检操作顺序是先上后下、先左后右，先重点后一般，先疫病后品质。检查时，不可过度剖检，随意切制，应保证产品的完整性，发现疫病时除外。检查肌肉组织时，应顺肌纤维方向切开，横断肌肉会同时切断血管，易导致细菌的侵入或蝇蛆的附着及影响产品外观。检查淋巴结时，应沿长轴纵切，切开上2/3～3/4，将剖面打开进行视检。杜绝将淋巴结横断或切成两半，并可减少伤及周围组织。检查肺、肝、肾时，检验检疫钩应钩住这些器官"门部"附近的结缔组织，以避免钩破内脏器官（图5-29、彩图23）。

图5-29　内脏检查

2. 三腺

三腺是指甲状腺、肾上腺和病变淋巴结,

三腺中含有对人体有害的物质,误食后容易导致食物中毒,会对消费者健康和食品安全带来威胁。因此,在羊屠宰中需要特别注意三腺的摘除。

(1) 甲状腺 甲状腺也称"栗子肉",是一种内分泌器官,甲状腺位于喉头甲状软骨附近,通常在屠宰放血后摘除。甲状腺比其他周围组织稍硬,形状较扁平,似海贝状,颜色深红而有白色网状结缔组织被膜覆盖(图 5-30)。甲状腺的内部有大量甲状腺素,甲状腺素化学性质稳定,通常家庭烹饪不能破坏甲状腺素的有效成分。一旦人误食甲状腺,会导致人体内的甲状腺素增多,影响人体正常的内分泌以及新陈代谢。根据文献资料,食用半个羊甲状腺体便有可能发生食物中毒。通常人误食甲状腺后,在数小时内发病,往往伴有头痛、头昏、失眠、眼和手颤抖、皮肤脱皮起疹、脱发等症状。

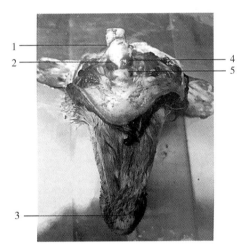

图 5-30 羊甲状腺

1. 气管 2. 甲状腺左侧叶 3. 下唇 4. 甲状腺右侧叶 5. 喉头

(2) 肾上腺 肾上腺也称"小腰子",位于两侧肾脏的前方,通常在摘除白脏时一并剪出。肾上腺呈褐色、三棱条状,外部有一层白色的纤维膜包裹,与周围部位颜色相近,因此摘除时需要仔细观察(图 5-31)。肾上腺素能够调节机体对压力的反应,如果人误食肾上腺,可以让人体内水盐代谢发生障碍,伴有血压升高、心跳加剧、血糖升高、肌肉无力等症状。

图 5-31 绵羊肾上腺及纵切面

(3) 病变淋巴结 淋巴结也称"花子肉",在羊的体内广泛分布。羊机体上的主要淋巴结包括下颌淋巴结、颈浅淋巴结、髂下淋巴结、腹股沟浅淋巴结、肠系膜淋巴结、髂内淋巴结等。淋巴结的摘除工作需要整条屠宰流水线共同完成,摘除下的淋巴结形态各异,状态各不相同,但是通常都是以一个"肉核"形状存在。

淋巴结是畜体重要的防御器官之一,参与机体细胞免疫反应,同时对侵入机体的微生物(细菌、病毒等)毒素及其他异物具有过滤、破坏和消毒作用。正常的淋巴结为灰白色,一旦淋巴结出现肿胀、充血、出血等,说明其已受到感染(图 5-32)。

(a) 化脓性淋巴结炎(下颌淋巴结)　　　　　(b) 出血性淋巴结炎

图 5-32 病变淋巴结

【实际操作】

1. 同步检验检疫

同步检验检疫的技术要点如下:

(1) 头部检查 头部检查的程序包括鼻镜检查→齿龈检查→口腔黏膜检查→舌及舌面检查→下颌淋巴结剖检(必要时)→眼结膜检查(必要

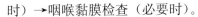

时）→咽喉黏膜检查（必要时）。

头部检查的具体操作为：用检验钩固定羊头部，用检验刀轻触羊的鼻镜并视检，注意有无水疱、溃疡、烂斑等病变。屠宰后，羊口唇常呈闭合状态，可用检验刀拨开上、下唇，暴露齿龈检查。然后，用检验钩固定羊头部，用检验刀打开羊口腔，检查口腔黏膜、舌及舌面，注意有无水疱、溃疡、烂斑等。羊头部一般只进行上述检查。必要时，可检查眼结膜和咽喉黏膜，观察有无充血、出血、炎症等异常变化。

检查羊咽喉及黏膜时，为了充分暴露咽喉部，便于观察，可沿下颌间隙下刀，切开下颌部皮肤和软组织，剥离下颌骨间软组织。然后，在舌的两侧和软腭上各切一刀，从下颌间隙拉出舌尖，并沿下颌骨将舌根两侧切开，使舌根和咽喉部充分暴露，观察。

《羊屠宰检疫规程》（农医发〔2010〕27 号 附件 4）规定："必要时剖开下颌淋巴结，检查形状、色泽及有无肿胀、淤血、出血、坏死灶等。"羊的下颌淋巴结位于下颌骨角附近的下颌间隙内，下颌血管切迹后方、颌下腺的外侧。在检验台上对离体的羊头进行下颌淋巴结检查时，应注意其相对位置。具体的操作方法是，将离体的羊头置于检验台上，口唇部朝向检查者，用左手持的检验钩固定羊头部，找到左、右下颌淋巴结，分别用检验刀剖开，检查其形状、色泽及有无肿胀、淤血、出血、坏死灶等。

羊蹄的检查操作方法是，在检验台上，以检验钩固定羊蹄，用检验刀打开蹄叉，检查羊的蹄冠和蹄叉等部位皮肤。观察有无水疱、溃疡、烂斑、结痂等。也可以直接手持羊蹄检查。

（2）内脏检查 取出内脏前，观察胸腔、腹腔有无积液、粘连、纤维素性渗出物。检查心脏、肺、肝、胃肠、脾、肾，剖检支气管淋巴结、肝门淋巴结、肠系膜淋巴结等，检查有无病变和其他异常。

内脏检查程序一般为：视检腹腔→脾检查→肠系膜淋巴结（空肠淋巴结）剖检→胃肠检查→肺检查（→支气管淋巴结检查）→心脏检查→肝检查（→肝门淋巴结剖检）→肾检查。

①视检腹腔。羊腹腔器官主要包括胃、肠、肝、脾等。羊胃分为瘤胃、网胃、瓣胃和皱胃。前端以贲门接食管，后端以幽门与十二指肠相通。肠起自幽门，止于肛门，分小肠和大肠。小肠前段起于幽门，后端止于盲肠，分为十二指肠、空肠、回肠。大肠又分盲肠、结肠和直肠。打开腹腔后先进行全面观察，通过腹腔切口观察腹腔有无积液、粘连、纤维素性渗出物。视检胃肠的外形、肠系膜浆膜有无异常，有无创伤性胃炎。

②脾检查。羊的脾位于腹前部、瘤胃左侧。略呈钝三角形，扁平；颜色为红紫色，质地较软。在同步检验检疫盘中或将脾置于检验台上，用检

验刀背刮拭脾表面，视检脾颜色、大小、形状；触检弹性，观察有无淤血、出血、坏死。必要时，剖检脾实质。

③肠系膜淋巴结剖检。剖开肠系膜淋巴结，检查有无肿胀、淤血、出血、坏死、增生等。在检验台上，将白内脏的肠系膜铺展开，找到空肠系膜上的成串或条索状的肠系膜淋巴结，右手持刀纵剖肠系膜淋巴结20cm以上。

④胃肠检查。视检胃肠浆膜面及肠系膜的色泽，观察有无淤血、出血、粘连、水肿等病变。剖开肠系膜淋巴结，检查有无肿胀、淤血、出血、坏死、增生等。必要时，剖开胃、肠，清除胃、肠内容物，检查黏膜有无淤血、出血、胶样浸润、糜烂、溃疡、化脓、结节等变化和寄生虫，检查瘤胃肉柱表面有无水疱、糜烂或溃疡等病变，肠道内有无寄生虫。检查肠系膜上有无细颈囊尾蚴。

⑤肺检查。肺位于胸腔内纵隔的两侧，健康的肺为粉红色，呈海绵状，软而轻，富有弹性。检查方法：视检两侧肺叶大小、色泽、形状，触检其弹性，注意有无淤血、出血、水肿、化脓、实变、粘连、包囊砂、寄生虫等。剖开一侧支气管淋巴结，检查切面有无淤血、出血、水肿等。必要时，剖检肺脏和气管。

⑥支气管淋巴结检查。采用吊挂的方式检查时，检验检疫员左手持钩，钩住左肺尖叶与支气管之间的结缔组织向下拉开，暴露支气管；右手持刀，紧贴气管向下运刀，纵剖位于肺支气管分叉背面的左支气管淋巴结，充分暴露淋巴结剖面，观察。采用检验台检查时，左手持钩，钩住左肺支气管淋巴结附近的结缔组织；右手持刀，纵剖位于肺支气管分叉背面的左侧支气管淋巴结，剖面充分暴露再进行观察。

⑦心脏检查。心脏位于胸腔纵隔内，心脏外面包有由浆膜和纤维膜组成的心包，心脏呈左右稍扁的倒立圆锥形，前缘凸，后缘短而直，分左心房、左心室、右心房和右心室。心壁由心内膜、心肌膜和心外膜组成。

⑧肝检查。视检肝大小、色泽，触检弹性、硬度，观察有无肿大、淤血、坏死，脂肪变性，有无大小不一的突起。剖开肝门淋巴结，切开胆管，检查有无寄生虫等。必要时，剖开肝实质，检查有无肿大、出血、淤血、坏死灶、硬化、脓肿、萎缩等病变。注意检查有无肝片吸虫、棘球蚴等寄生虫。剖检肝实质时，右手持刀纵切肝脏实质，沿肝中部切开，剖面充分暴露，检查有无异常。

肝的主要病变有肝淤血、脂肪变性、肝硬变、肝脓肿、肝坏死、寄生虫性病变、锯屑肝、槟榔肝等。当发现可疑肝癌、胆管癌和其他肿瘤时，应将该胴体推入病肉岔道进行处理。

⑨肝门淋巴结剖检。在检验台上，以检验钩钩住肝门部固定，找到肝

门淋巴结，右手持检验刀纵切肝门淋巴结，检查淋巴结切面。

⑩肾检查。羊肾是成对的实质性器官，左右各一，呈豆形，羊的右肾位于最后肋骨至第二腰椎下，左肾在瘤胃背囊的后方，第四至第五腰椎下，腹主动脉和后腔静脉的两侧。因此倒挂时，左肾位置比右肾偏上。肾脏被脂肪囊包裹，肾脏表面有肾被膜。羊肾为平滑乳头肾，肾叶的皮质部和髓质部完全融合，肾乳头连成峭状。在肾门附近的脂肪中包裹有肾上腺。

剥离两侧肾被膜，视检其大小、色泽、形状，触检弹性、硬度，观察有无贫血、出血、淤血、肿瘤等病变。必要时，剖检肾脏。肾吊挂在胴体上检查时，左手持钩钩住肾脂肪囊中部，右手握刀，由上向下沿肾脂肪囊表面纵向将肾脂肪囊剥离，然后剖开肾被膜，将左手的检验钩拉紧，向左上方转动，两手外展，将肾从肾被膜中完全剥离出来，观察肾表面有无异常。进一步用检验刀沿肾长轴剖开肾，暴露髓质部后进行检查。右肾检查方法与左肾相同。

（3）胴体检查　胴体检查的内容包括检查皮下组织、脂肪、肌肉、淋巴结以及腹腔浆膜有无淤血、出血、疹块肿和其他异常等。羊的胴体检查主要以视检为主。取出内脏后，冲洗胸腹腔，摘除两侧肾上腺，在胴体修整时，摘除有病变的淋巴结。

①整体检查。左手用检验钩，钩住胴体腹部组织加以固定，视检皮下组织、脂肪、肌肉、淋巴结及胸腔、腹腔浆膜，注意有无淤血、出血、脓肿、肿瘤及其他异常；观察胴体的放血程度，体表有无病变和带毛情况，有无寄生性病灶，胸腹腔内有无炎症和肿瘤病变。胸腔、腹腔视检：检查腹腔有无腹膜炎、脂肪坏死和黄染，检查胸腔中有无胸膜炎和结节状增生物，观察颈部有无血污和其他污染等。

②淋巴结检查。羊胴体剖检的淋巴结主要是颈浅淋巴结（肩前淋巴结）和髂下淋巴结（股前淋巴结、膝上淋巴结）。必要时，检查腹股沟深淋巴结。

肩前淋巴结的检查。羊肩前淋巴结位于肩关节前的稍上方、臂头肌和肩胛横突肌的下面，一部分被斜方肌所覆盖。当胴体倒挂时，由于前肢骨架姿势改变，肩关节前的肌群被压缩，在肩关节前稍上方形成一个椭圆形的隆起，淋巴结正埋藏在其内。肩前淋巴结左右各 1 个。肩前淋巴结检查的内容包括，检查肩前淋巴结的切面形状、色泽，注意有无肿胀、淤血、出血、坏死灶等病变。具体检查方法：用检疫钩钩住前肢或颈部肌肉并向下侧方拉拽，右手持刀使刀尖稍向肩部，在隆起的最高处刺入并顺着肌纤维切开一条长 5cm～10cm 的切口。用检验钩把切口的一侧拉开，便可以看到被脂肪组织包着的肩前淋巴结，纵向切开淋巴结。充分暴露切面，观

察有无异常。

髂下淋巴结的检查。羊髂下淋巴结位于膝褶中部、股阔筋膜张肌的前缘。当胴体倒挂时，由于腿部肌群向后牵直，将原来膝褶拉成一道斜沟，在此沟里可见 1 个长约 12cm 的棒状隆起，髂下淋巴结就埋藏在其下面。髂下淋巴结左右各 1 个。剖开髂下淋巴结，检查切面形状、色泽、大小及有无肿胀、淤血、出血、坏死灶等病变。检查方法：左手持钩，钩住膝褶斜沟的棒状隆起；右手运刀在膝关节的前上方、阔筋膜张肌前缘膝褶内侧脂肪层剖开一侧髂下淋巴结，充分暴露淋巴结切面，检查有无异常。两侧髂下淋巴结检查方法相同。

腹股沟深淋巴结的检查。羊的腹股沟深淋巴结检查（必要时）在胴体整体检查之后进行。羊腹股沟深淋巴结位于髂外动脉分出股深动脉的起始部上方，胴体倒挂时，位于盆腔横径线的稍下方，骨盆边缘侧方 2cm～3cm 处，有时也稍向两侧上下移位。剖开腹股沟深淋巴结，检查切面形状、色泽、大小及有无肿胀、淤血、出血、坏死灶等病变。检查方法：左手持钩，钩住一侧腹壁；右手运刀纵向剖开一侧腹股沟深淋巴结，充分暴露淋巴结切面，检查有无异常。两侧腹股沟深淋巴结检查方法相同。

③复检（复验）。复检（复验）的内容是结合胴体初检结果，进行全面复查。检查胴体形状、颜色、气味、清洁状况是否正常，检查体表、体腔是否有淤血，血污，脓污，胆汁，粪便，残留毛、皮，以及其他污物污染；检查腹部、乳头、放血刀口、残留的膈肌、暗伤、脓包、伤斑是否已修整。检查有无甲状腺和病变淋巴结漏摘。复检（复验）的处理是根据检验检疫结果，综合判定产品是否能食用，确定检出的各种病害羊肉及其他产品的生物安全处理方法。

（4）同步检验检疫结果处理 在宰后每个检验检疫环节，一旦发现屠宰羊有病或可疑患传染病或其他危害严重的病变时，检验检疫人员应立即做好标记，并将其从主轨道上转入疑似病胴体轨道，送入疑似病胴体间，并将该羊的头、蹄、内脏一并送到疑病胴体间进行全面检查，避免造成屠宰线上的交叉污染。确诊为健康羊的胴体经回路轨道返回主轨道，继续加工；确诊为病羊的胴体从轨道上卸下，与头、蹄、内脏一起放入密闭的运送车内，运到无害化处理间，按照《病死及病害动物无害化处理技术规范》（农医发〔2017〕25 号）的规定进行无害化处理。

2. 摘除甲状腺、肾上腺和淋巴结

（1）摘除甲状腺 甲状腺位于喉的后方、前 2 个～3 个气管环的两侧面和腹面，分为左右 2 个侧叶和连接 2 个侧叶的腺峡。绵羊甲状腺的侧叶呈长椭圆形，山羊甲状腺的两侧叶不对称，两者的腺峡均较细。

操作人员先拉出羊气管和食管，用刀将甲状腺与食管和气管剥离，再一只手抓住甲状腺，用刀将其从屠体上割下（图 5-33、彩图 24）。割下的甲状腺应收集起来，集中无害化处理。羊甲状腺的摘除可在捶皮工序后进行。

（2）摘除肾上腺　摘除完内脏后，修割时将肾和肾上腺摘除。

（3）摘除淋巴结　取羊两侧肩前淋巴结的操作：操作人员用刀划开羊肩前淋巴结所在的肩部皮肤，一只手将肩前淋巴结扯出（也可以用镊子将肩前淋巴结夹出），另一手用刀将其割下（图 5-34、彩图 25）。割下的肩前淋巴结应收集起来，集中无害化处理。取羊肩前淋巴结可在捶皮工序后进行。

图 5-33　摘除甲状腺　　　　图 5-34　摘除肩前淋巴结

摘除腹股沟淋巴结的操作：操作人员对着羊的正面，一手抓羊后腿内侧的腹股沟淋巴结，一手持刀将腹股沟淋巴结摘除（图 5-35、彩图 26）。

图 5-35　摘除腹股沟淋巴结

九、胴体修整

【标准原文】

5.9 胴体修整

修去胴体表面的淤血、残留腺体、皮角、浮毛等污物。

【内容解读】

本条款对羊胴体修整进行规定。

修整加工是羊屠宰加工的重要组成部分，直接影响羊肉产品的品质，也影响羊肉产品的价值。羊胴体的淤血影响感官质量，腺体未完全摘除的胴体产品品质检验不合格，残留的皮角、操作不慎而残留的浮毛都会影响胴体的品质。为保证品质检验合格、保障产品质量，上述的淤血、残留腺体、皮角、浮毛等都应修除干净。

【实际操作】

修整时，割除胴体表面的脓包、淤血等组织，摘除残留的甲状腺、肾上腺和病变淋巴结，清除胴体外表多余水分，以提高胴体外观品质，修整好的胴体应达到无血、无粪、无毛、无污物、修割面平整（图5-36、彩图27），修割下的肉屑或废弃物应分别收集于容器内，严禁乱扔。使用刀具用力要适当，不得损伤胴体肌膜。胴体修整后，将羊生殖器摘除，并去除尾油和腰油（图5-37，图5-38、彩图28，图5-39、彩图29）。

图5-36　胴体修整　　　　图5-37　去羊生殖器

图 5 - 38 去尾油　　　　　　　图 5 - 39 去腰油

十、计　　量

【标准原文】

5.10 计量

逐只称量胴体并记录。

【内容解读】

本条款对羊胴体称重进行规定。

计量称重是屠宰加工产品质量追溯体系的重要环节，是和其他肉品信息一同建立肉品档案的主要信息之一。

【实际操作】

定期校准电子轨道秤，确保在计量误差允许的范围内。将羊推入电子轨道秤，待羊胴体不晃动，称量羊胴体重量。及时准确记录数据以备检查（图 5 - 40）。

图 5 - 40 羊电子轨道秤

十一、清 洁

【标准原文】

5.11 清洁

用水洗、燎烫等方式清除胴体内外的浮毛、血迹等污物。

【内容解读】

本条款对羊胴体清洁进行规定。

胴体清洁是进入冷库前的一个必要的工序，确保肉眼无可视污染物。胴体在修整完后，仍会存在少量浮毛、血迹等污物。为提升胴体质量、抑制微生物的繁殖、延长肉品保质期，需要用水洗、燎烫等方式清除浮毛、血迹。

用水冲洗胴体时，为保证冲洗用水不污染胴体，水质应符合《生活饮用水卫生标准》（GB 5749—2006）。GB 5749—2006 规定了水质常规指标及限制，包括微生物指标、毒理指标、感官性状和一般化学指标、放射指标等。其中，微生物指标规定总大肠菌群、耐热大肠菌群、大肠埃希氏菌均不得检出，菌落总数限制在 100CFU/mL 以下。

【实际操作】

水洗时，须用一定压力的温水。可使用高压水枪进行冲洗，通常采用水温 20℃、水压 3MPa 的操作。确定好水压后，应先放掉前 5s 的水，不用于冲洗羊胴体。将羊推到冲洗工位上，把羊体颈部胸腹腔内的血迹、表皮浮毛等彻底冲洗干净。冲洗顺序是从胴体腹腔开始，从里到外、从上到下进行冲洗，特别是颈部和两条前腿处要反复冲洗，需将胴体胸腔、腹腔内的血迹及表皮浮毛等彻底冲洗（图 5-41、彩图 30）。

燎烫是采用喷灯或燎毛炉去除脱毛后羊胴体残留毛发的过程。白条羊供鲜销时，存在不用水洗的情况。这时要保证羊胴体的洁净，需采用吸附或高温快速火烫方式除去残毛。

此外，也可以使用高温蒸汽的方式清洗胴体。

图 5-41 冲洗

十二、副产品整理

【标准原文】

5.12　副产品整理

5.12.1　副产品整理过程中不应落地。

5.12.2　去除副产品表面污物，清洗干净。

5.12.3　红脏与白脏、头、蹄等加工时应严格分开。

【内容解读】

本条款对羊副产品整理进行规定。

根据《食品安全国家标准　畜禽屠宰加工卫生规范》（GB 12694—2016），副产品分为食用副产品和非食用副产品。食用副产品是指羊屠宰、加工后，所得内脏、脂肪、血液、骨、皮、头、蹄（或爪）、尾等可食用的产品。非食用副产品是指羊屠宰、加工后，所得毛皮、毛、角等不可食用的产品。

1. 副产品不应落地

副产品落地后可能被地面上残留的血污、毛发、胃肠内容物等污染，影响副产品品质。

2. 清洗副产品

白脏有内容物，需要清洗内表面和外表面。

3. 副产物应严格分开

头、蹄等带有血污、毛发等，白脏内通常有胃肠内容物等污染物，放在一起容易造成交叉污染。因此，本标准中规定红脏与白脏、头、蹄等加工时应严格分开。

羊的可食用副产品作为食材原料，需按照食材原料的管理进行整理，整理过程中不得落地操作（图 5-42）。去除污物主要是指去除胃、肠内的污物，将羊胃、肠清洗整理好，同时将胃、肠表面的油脂整理好。对于红脏，主要为清洁、整理；对于白脏，存在对内容物的清洗；毛头、毛蹄则需做进一步烫毛处理，应分开生产线操作。

图 5-42 内脏收集分离

【实际操作】

红脏和白脏应严格分开加工。

红脏整理时，将心、肝、肺分离并分别整理。操作时，把羊的心、肺和气管分开，将羊的心、肝、肺分离。摘出心后，修去周边的血管、脂肪和包膜等，使其平整、美观。不应划伤羊心，修整后放入容器中计量称重。羊肝摘出后，先扯去胆囊，剔除有出血点、明显脂肪肝和病变的羊肝，然后放入指定容器中计量称重。

白脏整理时，首先对羊的胃、肠进行分离和清洗。羊胃取出后，从胃小弯处开口翻转，用流水清洗，将内容物洗净。剔除有病变的羊胃，将胃黏膜外翻，再次用水洗净，根据需求可以将羊胃分割为胃头和胃叶两部分。最后，放入专门的包装容器中计量称重（图 5-43 至图 5-45）。羊肾整理时，需修去肾门处的脂肪、血管（允许带肾包膜）和输尿管，擦净血污，并将有病变的羊肾剔除，最后放入专门的容器中计量称重。

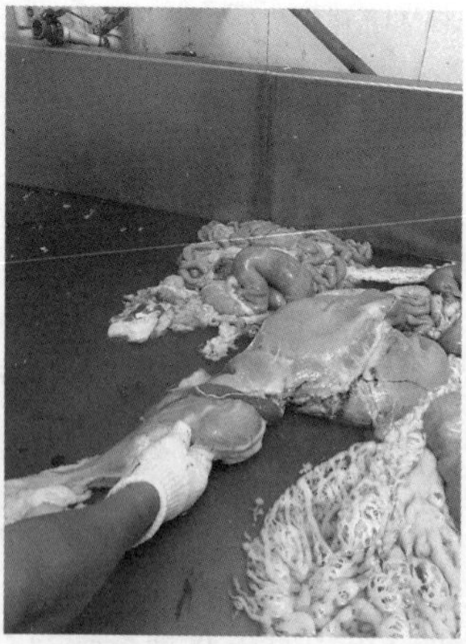

根据市场需求，对产品分别进行包装。

图 5-43 摘取肚油

羊皮的整理通常采用盐腌法，用盐均匀撒在羊皮上，使盐渗入皮内实现防腐的目的，腌完后平铺码放（图 5-46，图 5-47）。

羊血可以储藏在专门的羊血收集罐中（图 5-48）。

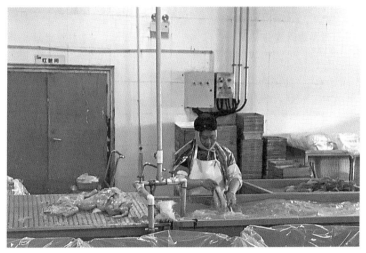

图 5-44 副产品清洗

图 5-45 副产品包装

图 5-46 羊皮挑拣

图 5-47　腌制后码放的羊皮

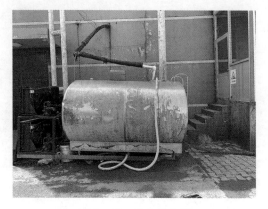

图 5-48　羊血收集罐

第 *6* 章

冷　却

【标准原文】

6　冷却

6.1　根据工艺需要对羊胴体或副产品冷却。冷却时，按屠宰顺序将羊胴体送入冷却间，胴体应排列整齐，胴体间距不少于 3cm。

6.2　羊胴体冷却间设定温度 0℃～4℃，相对湿度保持在 85％～90％，冷却时间不应少于 12h。冷却后的胴体中心温度应保持在 7℃以下。

6.3　副产品冷却后，产品中心温度应保持在 3℃以下。

6.4　冷却后检查胴体深层温度，符合要求的方可进入下一步操作。

【内容解读】

本条款对羊胴体冷却进行规定。

1. 羊胴体冷却

羊胴体冷却是采用一定的冷却方式（温度、湿度或外加冷却介质）降低宰后胴体温度，排除胴体内部热量的过程。生产经验表明，冷却时羊胴体和胴体之间的距离不少于 3cm，才能使得羊胴体成熟过程中不会相互影响。

2. 冷却间参数设定

参照《食品安全国家标准　畜禽屠宰加工卫生规范》（GB 12694—2016）的规定，冷却温度设定在 0℃～4℃，相对湿度保持在 85％～90％，冷却时间不应少于 12h。冷却后的胴体中心温度应在 7℃以下，副产品冷却后中心温度应保持在 3℃以下。

空气冷却法是羊冷却最常用的方法，可分为一段冷却法和二段冷却法。一段冷却法是在羊冷却的整个过程中，采用 1 个特定的温度、相对湿度、风速等参数的冷却方法，如冷却温度设定在0℃～4℃，相对湿度保持在85％～90％，风速在0.5m/s～1.5m/s。二段冷却法是将羊冷却的整个过程分为2个时间段，分别采用不同的温度、相对湿度、风速等参数的冷却方法。如在第一个时间段，冷却温度设定在2℃～4℃，相对湿度保持在85％～90％，风速在1m/s～2m/s，冷却时间在2h～4h；第二个时间段，冷却温度设定在－1℃～2℃，相对湿度保持在85％～90％，风速在0.5m/s，冷却时间在14h～16h。在设置冷却参数时，温度越低、风速越大，所需冷却时间越短。此外，羊胴体的厚度越小、脂肪含量越低，所需冷却时间也越短。

(1) 温度 刚屠宰完毕的羊胴体温度在37℃左右。此外，羊宰后肌肉内发生一系列生物化学反应，释放一定量的僵直热，使羊胴体肌肉温度升至40℃左右。通常情况下，20℃～40℃非常适合微生物的繁殖。此外，羊肌肉中内源酶的活性也较高，不利于其储存销售。因此，宰后的羊胴体宜尽快冷却，从而抑制微生物的生长和繁殖，延长肉品的保质期，提升肉品品质。

肉一般在－1.2℃左右开始冻结，保证冷却温度在0℃以上，可避免羊胴体表面冻结造成内部热量释放受阻，影响深层羊肉的颜色、口感等品质；4℃以下细菌繁殖速度较慢，可降低羊胴体被微生物污染的风险。适宜的羊胴体冷却温度，能够避免羊胴体表面干结，且可加速羊胴体的尸僵和成熟过程。肉的尸僵是指屠宰后，由于肌肉中肌凝蛋白凝固、肌纤维硬化，所产生的肌肉僵硬挺直的过程。肉的成熟是肌肉在内源性酶的作用下，糖原减少，乳酸增加，肉质变软多汁的过程，也叫后熟。

(2) 相对湿度 相对湿度对于控制羊肉冷却的损耗至关重要，冷却时羊肉的表面和冷却间会产生蒸汽压的差异，使得肉中水分向外界迁移，造成损耗。羊胴体宰后冷却24h的重量损失通常在2.5％以上，在0℃～10℃的冷却间中每降低20％的湿度会增加0.2％以上的损耗。因此，在预冷时要增加冷却间的湿度。

(3) 冷却时间 羊的冷却时间短，可以提高生产效率，降低生产成本。但是，羊在短时间内（10h以内）快速冷却容易造成冷收缩。冷收缩是指当肌肉在温度降低到10℃以下、pH下降到5.9～6.2之际所发生的收缩。发生冷收缩的肉在成熟时不能充分软化，硬度大，难以食用。

3. 副产品冷却后的中心温度

冷却过程中，胴体深层温度决定肉的尸僵程度。本标准规定了冷却后胴体的中心温度，即冷却后的胴体中心温度保持在 7℃以下，副产品中心温度应保持在 3℃以下。这 2 个指标与《食品安全国家标准　畜禽屠宰加工卫生规范》（GB 12694—2016）等标准中指标保持一致。

4. 冷却后测量胴体深层温度

为了确保胴体深层温度达到要求，冷却后需要对胴体深层温度进行测量，达标后才能开展下一步操作。

【实际操作】

将羊胴体推入冷却间，不同吊轨间的胴体按品字形等方式整齐排列，胴体间的距离保持不少于 3cm，以利于空气循环和胴体散热。启动冷风机，使冷却间温度保持在 0℃～4℃，相对湿度保持在 85％～90％，冷却时间保持在 12h 以上。在整个冷却过程中，尽量少开门和减少人员出入，以维持冷却间的冷却条件，减少微生物污染（图 6－1）。

图 6－1　冷却成熟

预冷后检查胴体 pH 及深层温度，冷却后胴体中心温度保持在 7℃以下，通常以后腿最厚部位中心温度低于 7℃为标准，副产品冷却后产品中心温度保持在 3℃以下。胴体温度符合要求后，进行剔骨、分割、包装等鲜销后续加工操作。

第 7 章

分　割

7　分割

分割加工按 NY/T 1564 的要求进行。

【内容解读】

本条款对羊肉的分割加工进行规定。

羊肉的分割加工是将屠宰后经过检验检疫合格的羊胴体，按照不同部位肉的组织结构切割成不同部分，再将分割产品经过修整、包装、速冻和冷藏储存等工序加工的过程。羊屠宰后的胴体通常是根据消费者的需求进行分割，分割技术要求参考《羊肉分割技术规范》（NY/T 1564—2007）的规定，对 38 个品种按照部位分割。

羊的分割加工按 NY/T 1564—2007 的规定进行，《羊肉分割技术规范》（NY/T 1564—2007）对羊肉分割的术语和定义、技术要求、标志、包装、储存和运输进行了规定。

【实际操作】

具体分割内容参见第 11 章。

第 8 章

冻 结

【标准原文】

8 冻结

冻结间温度为−28℃以下。待产品中心温度降至−15℃以下时转入冷藏间储存。

【内容解读】

本条款对羊肉的冻结进行规定。

冻结是使肉深层温度降至−15℃以下的过程。冻结后的肉，称为冻肉。

加工冻肉的目的是延长保质期，冻结是羊肉长期储藏的最重要的方法，能够在长期储藏中最大限度地保持羊肉原有的色泽风味和营养成分。

肉类冻结过程对肉的品质具有重要影响，在速冻过程中，为保证羊肉的品质和储藏期，羊肉中心温度必须达到−15℃以下。按照《食品安全国家标准 畜禽屠宰加工卫生规范》（GB 12694—2016）中 7.6 的规定，生产冷冻产品时，应在 48h 内使肉的中心温度达到−15℃以下后方可进入冷藏间。《牛羊屠宰与分割车间设计规范》（GB 51225—2017）规定，分割肉冻结间、副产品冻结间的设定温度应在−28℃以下，副产品宜在 24h 内中心温度达到−15℃以下。

产品冻结速度越快，产品自然解冻失水越少，微生物指标越低。不同的冻结方式和包装处理会影响羊肉速冻过程中心温度的下降速度。研究表明，胴体悬挂且留有间隙时的双面冻结效果较好，而包装材质与厚度影响冻结时间。

【实际操作】

羊的冻结通常使用直接冻结工艺。直接冻结工艺在 24h 内便可使羊胴

体温度下降到要求的－15℃以下，然后再转入冷藏间储存（图 8 - 1）。冷藏间应定期消毒。

图 8 - 1　冻结

第 9 章
包装、标签、标志和储存

【标准原文】

9 包装、标签、标志和储存

9.1 产品包装、标签、标志应符合 GB/T 191、GB/T 5737、GB 12694 和农业部令第 70 号等的相关要求。

9.2 分割肉宜采用低温冷藏。储存环境与设施、库温和储存时间应符合 GB/T 9961、GB 12694 等相关标准要求。

【内容解读】

本条款对产品包装、标签、标志和储存进行规定。

1. 产品包装、标签、标志的要求

为了较长时间保存冻结的肉类，应移至冷藏间中冷藏储存。低温冷藏是肉类加工后保存产品的主要方法。冷冻肉包装材料除了要能防止氧气和水蒸气透过以避免脂肪的氧化酸败外，还必须能适应温度急剧的变化，一般采用塑料复合膜包装、纸包装等。由于这些包装材料直接接触羊肉产品，故需要符合无毒无害的要求，避免对羊肉造成污染。

《包装储运图示标志》（GB/T 191—2008）规定了包装储运图示标志的名称、图形符号、尺寸、颜色及应用方法，该标准适用于各种货物的运输包装。《食品安全国家标准 畜禽屠宰加工卫生规范》（GB 12694—2016）中"8.1 包装"规定，包装材料应符合相关标准，不应含有有毒有害物质，不应改变肉的感官特性。肉类的包装材料不应重复使用，除非是用易清洗、耐腐蚀的材料制成，并且在使用前经过清洗和消毒。内、外包装材料应分别存放，包装材料库应保持干燥、通风和清洁卫生。产品包装间的温度应符合产品特定的要求。

《农产品包装和标识管理办法》（农业部令第 70 号）中规定，农产品生产企业、农民专业合作经济组织以及从事农产品收购的单位或者个人包装销售的农产品，应当在包装物上标注或者附加标识标明品名、产地、生产者或者销售者名称、生产日期。有分级标准或者使用添加剂的，还应当标明产品质量等级或者添加剂名称。未包装的农产品，应当采取附加标签、标识牌、标识带、说明书等形式标明农产品的品名、生产地、生产者或者销售者名称等内容。农产品标识所用文字应当使用规范的中文。标识标注的内容应当准确、清晰、显著。销售获得无公害农产品、绿色食品、有机农产品等质量标志使用权的农产品，应当标注相应标志和发证机构。禁止冒用无公害农产品、绿色食品、有机农产品等质量标志。畜禽及其产品、属于农业转基因生物的农产品，还应当按照有关规定进行标识。

2. 分割肉的储存

分割羊肉产品越来越受到人们的喜爱，分割肉包装得到屠宰加工企业的重视。包装不仅起到保护产品、预防污染、延长货架期和便于运输的作用，且好的包装能提升产品档次和品位。

按照《食品安全国家标准　畜禽屠宰加工卫生规范》（GB 12694—2016）的相关规定，应根据羊肉产品的特点和卫生需要选择适宜的储存和运输条件，必要时应配备保温、冷藏、保鲜等设施。不得将羊肉产品与有毒、有害或有异味的物品一同储存运输。应建立和执行适当的仓储制度，发现异常应及时处理。储存、运输和装卸食品的容器、工器具和设备应当安全、无害，保持清洁，降低食品污染的风险。储存和运输过程中应避免日光直射、雨淋、显著的温湿度变化和剧烈撞击等，防止产品受到不良影响。

储存库内成品与墙壁应有适宜的距离，不应直接接触地面，与天花板保持一定的距离，应按不同种类、批次分垛存放，并加以标识。储存库内不应存放有碍卫生的物品，同一库内不应存放可能造成相互污染或者串味的产品。储存库应定期消毒。冷藏储存库应定期除霜。肉类运输应使用专用的运输工具，不应运输畜禽、应无害化处理的畜禽产品或其他可能污染羊肉的物品。包装肉与裸装肉避免同车运输，如无法避免，应采取物理性隔离防护措施。运输工具应根据产品特点配备制冷、保温等设施。运输过程中应保持适宜的温度。运输工具应及时清洗消毒，保持清洁卫生。

《鲜、冻胴体羊肉》（GB/T 9961—2008）中"8　储存"中规定，冷却羊肉应吊挂在相对湿度75%～84%，温度0℃～4℃的冷却间，肉体之间的距离保持 3cm～5cm。冷冻羊肉应吊挂或码放在相对湿度 95%～100%，温度－18℃的冷藏间，冷藏间温度一昼夜升降幅度不得超过 1℃。储存间应保持清洁、整齐、通风，应防霉、除霉，定期除霜，符合国家有关卫生要求，库内有防霉、防鼠、防虫设施，定期消毒。储存间内不应存放有碍卫生的物品，同一库内不得存放可能造成相互污染或者串味的食品。

【实际操作】

通常白条羊以整羊、二分体羊和四分体羊为主，在运输过程中通常采用吊挂的方式。羊的分割产品中，冷冻羊肉产品通常采用箱装的包装方式，鲜羊肉产品则多采用保鲜盒进行包装。

如采用箱装，包装储运图示标志的名称、图形符号、标志外框尺寸、颜色及应用方法应符合《包装储运图示标志》（GB/T 191—2008）的要求，尤其是包装储运图示标志图形符号及标志外框尺寸应符合《包装储运图示标志》（GB/T 191—2008）的要求（图 9-1）。

图 9-1　包装

如使用食品塑料周转箱，则食品塑料周转箱的产品分类、技术要求、试验方法、检验规则及标志、包装、运输、储存按照 GB/T 5737 的规定执行，该标准适用于以聚烯烃塑料为原料、采用注射成型法生产的无内格的食品箱。

产品的标识需要符合《农产品包装和标识管理办法》（农业部令第 70号）的有关规定。

储存环境与设施、库温和储存时间应符合《食品安全国家标准　畜禽屠宰加工卫生规范》（GB 12694）和《鲜、冻胴体羊肉》（GB/T 9961）的要求。

第 10 章

其他要求

【标准原文】

10 其他要求

10.1 屠宰供应少数民族食用的羊产品，应尊重少数民族风俗习惯，按照国家有关规定执行。

10.2 经检验检疫不合格的肉品及副产品，应按 GB 12694 的要求和农医发〔2017〕25 号的规定执行。

10.3 产品追溯与召回应符合 GB 12694 的要求。

10.4 记录和文件应符合 GB 12694 的要求。

【内容解读】

本条款对无害化处理、产品追溯与召回、记录和文件进行规定。

1. 无害化处理

根据《中华人民共和国动物防疫法》第二十五条规定，禁止生产、经营、加工、储藏、运输"依法应当检疫而未经检疫或者检疫不合格的""染疫或者疑似染疫的""病死或者死因不明的"等动物和动物产品。羊屠宰过程中不可避免会存在检疫、检验不合格的产品，只能通过无害化处理来消除不合格产品带来的危害，处理方法应当符合《病死及病害动物无害化处理技术规范》（农医发〔2017〕25 号）的要求，保障肉品健康，防止疫病散播。

2. 产品追溯与召回

(1) 产品的追溯 《中华人民共和国食品安全法》要求食品的安全责任要落实到第一责任人。因此，必须建立追溯体系，实现产品追查时可知道屠宰羊只的养殖地和屠宰厂信息等。一旦发现不合格情况，便可立即控制问题产品，掌握问题产生的原因。本标准建立追溯体系的具体要求同

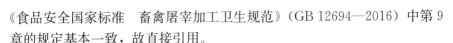

《食品安全国家标准　畜禽屠宰加工卫生规范》（GB 12694—2016）中第 9 章的规定基本一致，故直接引用。

(2) 产品的召回　屠宰厂一旦发现屠宰的羊胴体及其羊肉产品不符合食品安全标准或可能会对人类健康造成危害，就必须立即停止生产经营，通知消费者停止消费，及时对不安全的产品采取补救措施或者无害化处理等措施。为保证问题产品的可控性，需要建立产品的召回管理。

3. 记录和文件

《中华人民共和国食品安全法》《中华人民共和国农产品质量安全法》对记录管理制度和相关记录提出了明确的要求。《中华人民共和国农产品质量安全法》第二十四条规定，农产品生产企业和农民专业合作经济组织应当建立农产品生产记录，如实记载以下事项：①使用农业投入品的名称、来源、用法、用量和使用、停用的日期；②动物疫病、植物病虫害的发生和防治情况；③收获、屠宰、捕捞日期。农产品的生产记录应当保存 2 年，禁止伪造农产品生产记录。本标准涉及的羊入厂验收、宰前检查、宰后检查、无害化处理、消毒、储存等环节的记录与 GB 12694 第 12 章内容完全一致，故直接引用。

【实际操作】

1. 无害化处理

根据《食品安全国家标准　畜禽屠宰加工卫生规范》（GB 12694—2016）中"6.4 无害化处理"的要求，经检疫检验发现的患有传染性疾病、寄生虫病、中毒性疾病或有害物质残留的畜禽及其组织，企业应使用专门的封闭不漏水的容器并用专用车辆及时运送，并在官方兽医监督下进行无害化处理（图 10-1）。对于患有可疑疫病的应按照有关检疫检验规程操作，确认后应进行无害化处理。其他经判定需无害化处理的羊及其组织应在官方兽医的监督下，进行无害化处理。企业应制订相应的防护措施，防止无害化处理过程中造成的人员危害，以及产品交叉污染和环境污染（图 10-2）。

根据《病死及病害动物无害化处理技术规范》（农医发〔2017〕25 号），病死及病害动物和相关动物产品的处理的方式包括焚烧法、化制法、高温法、深埋法、化学处理法等。对病死及病害动物和相关动物产品无害化处理的技术工艺和操作等应按照该规范要求执行。

图 10-1　无害化处理间

图 10-2　企业污水处理设备

2. 产品追溯与召回

　　根据《食品安全国家标准　畜禽屠宰加工卫生规范》（GB 12694—2016）中"9　产品追溯与召回管理"，企业应建立完善的可追溯体系，确保肉类及其产品存在不可接受的食品安全风险时，能进行追溯。羊屠宰加工企业应根据相关法律法规建立产品召回制度，当发现出厂产品属于不安全食品时，应进行召回，并报告官方兽医。

企业应根据国家有关规定建立产品召回制度。当发现生产的食品不符合食品安全标准或存在其他不适于食用的情况时，应当立即停止生产，召回已经上市销售的食品，通知相关生产经营者和消费者，并记录召回和通知情况。对被召回的食品，企业应当进行无害化处理或者予以销毁，防止其再次流入市场。对因标签、标识或说明书不符合食品安全标准而被召回的食品，应采取能保证食品安全且便于重新销售时向消费者明示的补救措施。此外，企业应合理划分、记录生产批次，采用产品批号等方式进行标识，便于产品追溯。

3. 记录和文件

根据《食品安全国家标准　畜禽屠宰加工卫生规范》（GB 12694—2016）中"12　记录和文件管理"，企业应建立记录制度并有效实施，包括畜禽入厂验收、宰前检查、宰后检查、无害化处理、消毒、储存等环节，以及屠宰加工设备、设施、运输车辆和器具的维护记录。记录内容应完整、真实，确保对产品从羊进厂到产品出厂的所有环节都可进行有效追溯。企业应记录召回的产品名称、批次、规格、数量、发生召回的原因、后续整改方案及召回处理情况等内容。企业应做好人员入职、培训等记录。对反映产品卫生质量情况的有关记录，企业应制订并执行质量记录管理程序，对质量记录的标记、收集、编目、归档、存储、保管和处理做出相应规定。所有记录应准确、规范并具有可追溯性，保存期限不得少于肉类保质期满后 6 个月，没有明确保质期的，保存期限不得少于 2 年。企业应建立食品安全控制体系所要求的程序文件。

第11章
羊 的 分 割

将羊胴体在冷却间中成熟24h后，将其从冷却间推进分割间，进行分割。根据《食品安全国家标准 畜禽屠宰加工卫生规范》（GB 12694—2016）的要求，分割车间温度应控制在12℃以下，有温度要求的工序或场所应安装温度显示装置，并对温度进行监控，必要时配备湿度计。

一、羊胴体的切分

1. 割开黄筋

将冷却成熟后吊挂的羊胴体推入分割轨道，操作人员面向羊背，一手抓羊尾骨，一手持刀从羊背面腰椎处下刀，从上到下沿着腰椎和脊髓两侧肌肉划开2道口子，随后用刀沿颈部中线将颈椎两侧的肉割开，用手拉出2根黄筋（图11-1）。

图11-1 割开黄筋

2. 割下前后腿

(1) 切开后腿　操作人员用刀划开一条吊挂的后腿，一手将其抓住，另一手从后腿内侧下刀，沿着髋关节向下切至第一腰椎。

然后，进行后腿的转挂，两名操作人员共同将吊挂的羊胴体抬起，一名操作人员将吊挂的羊后腿上的挂钩解开，钩住羊的髋关节，将胴体挂起。接下来切除尾及尖端，放入专门的容器，再用刀将刚从挂钩上解开的后腿沿着髋关节向下切至第一腰椎，并将胴体上残留的羊尾油去除（图 11-2）。

(2) 剔后腿骨　操作人员将 2 个后腿骨从后腿上剔除，剔下的羊后腿骨放入专门的容器中（图 11-3）。

图 11-2　切开后腿

图 11-3　剔后腿骨

(3) 割下后腿　操作人员手握刀头将刀尖朝下，用刀尖将第一腰椎到第六腰椎两侧的肉划割开（图 11-4）。

随后，用刀沿第十三肋骨与第一腰椎之间的背腰最长肌（眼肌），垂直于腰椎方向切下羊后腿，将其放入传送带上，后续再进一步分割（图 11-5）。

将羊前腿从前肢腋下部切割下（图 11-6）。再切下羊的颈部肉（图 11-7）。

图 11-4 割下后腿　　　　图 11-5 去骨羊后腿肉

图 11-6 割羊前腿

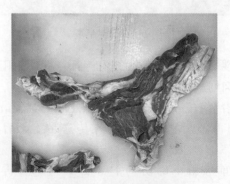

图 11-7 割下的颈部肉

3. 锯开躯干

将羊胴体切除前后腿和颈部肉之后，剩余的颈椎、胸椎、腰椎和肋骨等躯干部分用剔骨锯进行分割（图 11-8，图 11-9）。操作人员将躯干从轨道上取下横放到剔骨锯操作台上，先分别将腰椎和颈椎锯下，分别放入指定的容器中（图 11-10，图 11-11）。再纵向从胸骨和脊柱边缘对剩余躯干进行劈半，切完脊柱在一侧的肋骨上（图 11-12）。劈半后，先将肋骨和胸腹腩锯开，将胸腹腩放入指定的容器中。然后，按照需求将肋骨锯开，通常可将肋骨分为 12 肋和 1 肋，或者 8 肋、4 肋和 1 肋，锯开肋骨后，将脊柱从肋骨上锯下（图 11-13，图 11-14）。切分完的肋骨放置在传送带上，由下一位工作人员进一步分割，脊柱则放入专门的容器内（图 11-15）。

图 11-8　剔骨锯

（a）锯下腰椎　　　　　（b）劈半　　　　　（c）锯下胸腹腩

（d）锯开肋骨　　　　　（e）锯下脊髓

（f）整个躯干锯开后

图 11-9　锯开躯干

图 11-10　腰椎和髋关节　　　图 11-11　颈椎

图 11 - 15　剥骨分割输送机

切分颈部

肉与颈部分割开，再将月牙、黄筋和上脑从颈部肉上割下，修去（图 11 - 16 至图 11 - 21）。

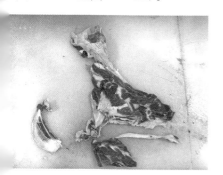
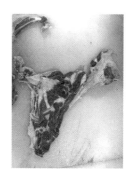

图 11 - 16　颈部分割产品　　　　图 11 - 17　颈肉

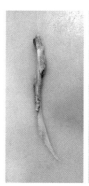

图 11 - 18　肩肉　　　　　　　图 11 - 19　黄筋

图 11-12 脊骨

4.

将

淋巴结

图 11-13 肋排

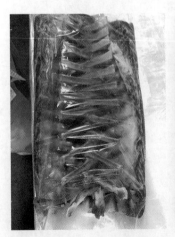

图 11-14 法式

图 11-20　月牙　　　　　　　图 11-21　上脑

5. 将后腿肉进一步切分

修去后腿上残留的碎骨和淋巴结（图 11-22，图 11-23）。

图 11-22　修后腿碎骨

图 11-23　修后腿淋巴结

将羊霖、羊菲力分割下，修去腰油（图 11 - 24，图 11 - 25）。

图 11 - 24　羊霖　　　　　　　　图 11 - 25　羊菲力

二、羊各部位的分割

《羊肉分割技术规范》（NY/T 1564—2007）中包括 38 种分割羊肉，其中带骨分割羊肉 25 种，去骨分割羊肉 13 种。

带骨分割羊肉（25 种）包括：躯干、带臀腿、带臀去腱腿、去臀腿、去臀去腱腿、带骨臀腰肉、去髋带臀腿、去髋去腱带股腿、鞍肉、带骨羊腰脊（双/单）、羊 T 骨排（双/单）、腰肉、羊肋脊排、法式羊肋脊排、单骨羊排/法式单骨羊排、前 1/4 胴体、方切肩肉、肩肉、肩脊排/法式脊排、牡蛎肉、颈肉、前腱子肉/后腱子肉、法式羊前腱/羊后腱、胸腹腩、法式肋排。

去骨分割羊肉（13 种）包括：半胴体肉、躯干肉、剔骨带臀腿、剔骨带臀去腱腿、剔骨去臀去腱腿、臀肉（砧肉）、膝圆、粗米龙、臀腰肉、腰脊肉、去骨羊肩、里脊、通脊。

NY/T 1564—2007 中 25 种带骨分割羊肉和 13 种去骨分割羊肉的分割方法和命名标准见表 11 - 1 和表 11 - 2。

表 11 - 1　带骨分割羊肉分割方法和命名标准

		1. 躯干 主要包括前 1/4 胴体、羊肋脊排及腰肉部分，由半胴体分割而成。分割时，经第六腰椎到髂骨尖处直切至腹肋肉的腹侧部，切除带臀腿 修整说明：保留膈、肾和脂肪

（续）

		**2. 带臀腿** 　　主要包括粗米龙、臀肉、膝圆、臀腰肉、后腱子肉、髂骨、荐椎、尾椎、坐骨、股骨和胫骨等，由半胴体分割而成。分割时，自半胴体的第六腰椎经髂骨尖处直切至腹肋肉的腹侧部，除去躯干 　　修整说明：切除里脊头、尾，保留髌骨；根据加工要求保留或去除腹肋肉、盆腔脂肪、荐椎和尾椎
		**3. 带臀去腱腿** 　　主要包括粗米龙、臀肉、膝圆、臀腰肉、髂骨、荐椎、尾椎、坐骨和股骨等，由带臀腿自膝关节处切除腱子肉及胫骨而得 　　修整说明：切除里脊头、尾，根据加工要求去除或保留腹肋肉、盆腔脂肪、荐椎
		**4. 去臀腿** 　　主要包括粗米龙、臀肉、膝圆、后腱子肉、坐骨和股骨、胫骨等，由带臀腿在距离髋关节大约 12mm 处成直角切去带臀臀腰肉而得 　　修整说明：切除尾及尖端，根据加工要求去除或保留盆腔脂肪
		**5. 去臀去腱腿** 　　主要包括粗米龙、臀肉、膝圆、坐骨和股骨等，由去臀腿于膝关节处切除后腱子肉和胫骨而得 　　修整说明：切除尾
		**6. 带骨臀腰肉** 　　主要包括臀腰肉、髂骨、荐椎等，由带臀腿于距髋关节大约 12mm 处以直角切去去臀腿而得 　　修整说明：根据加工要求保留或去除盆腔脂肪和腹肋肉
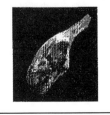		**7. 去髋带臀腿** 　　由带臀腿除去髋骨制作而成 　　修整说明：切除尾及尖端，根据加工要求去除或保留腹肋肉

（续）

		**8. 去髋去腱带股腿** 由去髋带臀腿在膝关节处切除腱子肉及胫骨而成 修整说明：去腹肋肉及周围脂肪
		**9. 鞍肉** 主要包括部分肋骨、胸椎、腰椎及有关肌肉；由整个胴体于第四或第五或第六或第七肋骨处背侧切至胸腹侧部，切去前1/4胴体，于第六腰椎处经髂骨尖从背侧切至腹脂肪的腹侧部而得 修整说明：保留肾脂肪、膈，根据加工要求确定肋骨数（6、7、8、9）和腹壁切除线距眼肌的距离
		**10. 带骨羊腰脊（双/单）** 主要包括腰椎及腰脊肉。在腰荐结合处背侧切除带臀腿，在第一腰椎和第十三胸椎之间背侧切除胴体前半部分，除去腰腹肉 修整说明：除去筋膜、肌腱，根据加工要求将带骨羊腰脊（双）沿第一腰椎直切至第六腰椎，分割成带骨羊腰脊
		**11. 羊 T 骨排（双/单）** 由带骨羊腰脊（双/单）沿腰椎结合处直切而成
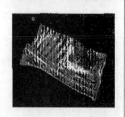		**12. 腰肉** 主要包括部分肋骨、胸椎、腰椎及有关肌肉等，由半胴体于第四或第五或第六或第七肋骨处切去前1/4胴体，于腰荐结合处切至腹肋肉，去后腿而得 修整说明：根据加工要求确定肋骨数（6、7、8、9）和腹壁切除线距眼肌的距离，保留或除去肾/肾脂肪、膈
		**13. 羊肋脊排** 主要包括部分肋骨、胸椎及有关肌肉，由腰肉经第四或第五或第六或第七肋骨与第十三肋骨之间切割而成。分割时，沿第十三肋骨与第一腰椎之间的背腰最长肌（眼肌），垂直于腰椎方向切割，除去后端的腰脊肉和腰椎 修整说明：除去肩胛软骨，根据加工要求确定肋骨数（6、7、8、9）和腹壁切除线距眼肌的距离

		**14. 法式羊肋脊排** 主要包括部分肋骨、胸椎及有关肌肉，由羊肋脊排修整而成。分割时，保留或去除盖肌，除去棘突和椎骨，在距眼肌大约 10cm 处平行于椎骨缘切开肋骨，或距眼肌 5cm 处（法式）修整肋骨 修整说明：根据加工要求确定保留或去除盖肌、肋骨数（6、7、8、9）和距眼肌距离
	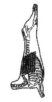	**15. 单骨羊排/法式单骨羊排** 主要包括单根肋骨、胸椎及背最长肌，由羊肋脊排分割而成。分割时，沿 2 根肋骨之间，垂直于胸椎方向切割（单骨羊排），在距眼肌大约 10cm 处修整肋骨（法式） 修整说明：根据加工要求确定修整部位距眼肌距离
		**16. 前 1/4 胴体** 主要包括颈肉、前腿和部分胸椎、肋骨及最长肌等，由半胴体在分膈前后，即第四或第五或第六肋骨处以垂直于脊椎方向切割得到的带前腿的部分 修整说明：分割时，前腿应折向颈部，根据加工要求确定肋骨数（4、5、6、13），保留或去除腱子肉、颈肉；也可根据加工要求将前 1/4 胴体切割成羊肩胛肉排
		**17. 方切肩肉** 主要包括部分肩胛骨、肋骨、肱骨、胸椎及有关肌肉，由前 1/4 胴体切去颈肉、胸肉和前腱子肉而得。分割时，沿前 1/4 胴体第三和第四颈椎之间的背侧线切去颈肉，然后自第一肋骨与胸骨结合处切割至第四或第五或第六肋骨处，除去胸肉和前腱子肉 修整说明：根据加工要求确定肋骨数（4、5、6）
		**18. 肩肉** 主要包括肩胛骨、肋骨、肱骨、颈椎、胸椎、部分桡尺骨及有关肌肉。由前 1/4 胴体切去颈肉、部分桡尺骨和部分腱子肉而得。分割时，沿前 1/4 胴体第三和第四颈椎之间的背侧线切去颈肉，然后自第二和第三肋骨与胸骨结合处直切至第三或第四或第五肋骨，保留桡尺骨和腱子肉 修整说明：根据加工要求确定肋骨数（4、5、6）和保留桡尺骨的量

（续）

		**19. 肩脊排/法式脊排** 主要包括部分肋骨、椎骨及有关肌肉，由方切肩肉（4肋～6肋）除去肩胛肉，保留下面附着的肌肉带制作而成，在距眼肌大约10cm处平行于椎骨缘切开肋骨修整，即得法式脊排 修整说明：根据加工要求确定肋骨数（4、5、6）和腹壁切除线距眼肌的距离
		**20. 牡蛎肉** 主要包括肩胛骨、肱骨和桡尺骨及有关的肌肉。由前1/4胴体的前臂骨与躯干骨之间的自然缝切开，保留底切（肩胛下肌）附着而得 修整说明：切断肩关节，根据加工要求剔骨或不剔骨
		**21. 颈肉** 俗称血脖，位于颈椎周围，主要由颈部肩带肌、颈部脊柱肌和颈腹侧肌所组成，包括第一颈椎与第三颈椎之间的部分。颈肉由胴体经第三和第四颈椎之间切割，将颈部肉与胴体分离而得 修整说明：剔除筋腱，除去血污、浮毛等污物，根据加工要求将颈肉沿颈椎分割成羊颈肉排
		**22. 前腱子肉/后腱子肉** 前腱子肉主要包括尺骨、桡骨、腕骨和肱骨的远侧部及有关的肌肉，位于跗关节和腕关节之间。分割时，沿胸骨与盖板远端的肱骨切除线自前1/4胴体切下前腱子肉 后腱子肉由胫骨、跗骨和跟骨及有关的肌肉组成，位于膝关节和跗关节之间。分割时，自胫骨与股骨之间的膝关节切割，切下后腱子肉 修整说明：除去血污、浮毛等不洁物，不剔骨
		**23. 法式羊前腱/羊后腱** 法式羊前腱/羊后腱分别由前腱子肉/后腱子肉分割前成。分割时，分别沿桡骨/胫骨末端3cm～5cm处进行修整，露出桡骨/胫骨

（续）

		24. 胸腹腩 俗称五花肉，主要包括部分肋骨、胸骨和腹外斜肌、升胸肌等，位于腰肉的下方。分割时，自半胴体第一肋骨与胸骨结合处直切至膈在第十一肋骨上的转折处，再经腹肋肉切至腹股沟浅淋巴结 修整说明：可包括除去带骨腰肉-鞍肉-脊排和腰脊肉之后剩余肋骨部分，保留膈
		25. 法式肋排 主要包括肋骨、升胸肌等，由胸腹腩第二肋骨与胸骨结合处直切至第十肋骨，除去腹肋肉并进行修整而成

表 11 - 2　去骨分割羊肉分割方法和命名标准

		1. 半胴体肉 由半胴体剔骨而成。分割时，沿肌肉自然缝剔除所有的骨、软骨、筋腱、板筋（项韧带）和淋巴结 修整说明：根据加工要求保留或去除里脊、肋间肌、膈
		2. 躯干肉 由躯干剔骨而成。分割时，沿肌肉自然缝剔除所有的骨、软骨、筋腱、板筋（项韧带）和淋巴结 修整说明：根据加工要求保留或去除里脊、肋间肌、膈
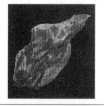		3. 剔骨带臀腿 主要包括粗米龙、臀肉、膝圆、臀腰肉、后腱子肉等，由带臀腿除去骨、软骨、腱和淋巴结制作而成。分割时，沿肌肉天然缝隙从骨上剥离肌肉或沿骨的轮廓剔掉肌肉 修整说明：切除里脊头
		4. 剔骨带臀去腱腿 主要包括粗米龙、臀肉、膝圆、臀腰肉，由带臀去腱腿剔除骨、软骨、腱和淋巴结制作而成。分割时，沿肌肉天然缝隙从骨上剥离肌肉或沿骨的轮廓剔掉肌肉 修整说明：切除里脊头

（续）

		**5. 剔骨去臀去腱腿** 　　主要包括粗米龙、臀肉、膝圆等，由去臀去腱腿剔除骨、软骨、腱和淋巴结制作而成。分割时，沿肌肉天然缝隙从骨上剥离肌肉或沿骨的轮廓剔掉肌肉 　　修整说明：切除尾
		**6. 臀肉（砧肉）** 　　又名羊针扒，主要包括半膜肌、内收肌、股薄肌等，由带臀腿沿膝圆与粗米龙之间的自然缝分离而得。分割时，把粗米龙剥离后可见一肉块，沿其边缘分割即可得到臀肉，也可沿被切开的盆骨外缘，再沿本肉块边缘分割 　　修整说明：修净筋膜
		**7. 膝圆** 　　又名羊霖，主要是臀股四头肌。当粗米龙、臀肉去下后，能见到一块长圆形肉块，沿此肉块自然缝分割，除去关节囊和肌腱即可得到膝圆 　　修整说明：修净筋膜
		**8. 粗米龙** 　　又名羊烩扒，主要包括臀股二头肌和半腱肌，由去骨腿沿臀肉与膝圆之间的自然缝分割而成 　　修整说明：修净筋膜，除去腓肠肌
		**9. 臀腰肉** 　　主要包括臀中肌、臀深肌、阔筋膜张肌。分割时，于距髋关节大约 12mm 处直切，与粗米龙、臀肉、膝圆分离，沿臀中肌与阔筋膜张肌之间到自然缝除去尾 　　修整说明：根据加工要求，保留或除去盖肌（阔筋膜张肌）和所有的皮下脂肪
		**10. 腰脊肉** 　　主要包括背最长肌（眼肌），由腰肉剔骨而成。分割时，沿腰荐结合处向前切割至第一腰椎，除去脊排和肋排 　　修整说明：根据加工要求确定腰脊切块大小

（续）

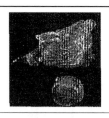		**11. 去骨羊肩** 主要由方切肩肉剔骨分割而成。分割时，剔除骨、软骨、板筋（项韧带），然后卷裹后用网套结而成 **修整说明**：形状呈圆柱状，脂肪覆盖在 80% 以上，不允许将网绳裹在肉内
	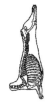	**12. 里脊** 主要是腰大肌，位于腰椎腹侧面和髂骨外侧。分割时，先剥去肾脂肪，然后自半胴体的耻骨前下方剔出，由里脊头向里脊尾，逐个剥离腰椎横突，取下完整的里脊 **修整说明**：根据加工要求保留或去除侧带，或自腰椎与髂骨结合处将里脊分割成里脊头和里脊尾
		**13. 通脊** 主要由沿颈椎棘突和横突、胸椎和腰椎分布的肌肉组成，包括从第一颈椎至腰荐结合处的肌肉。分割时，自半胴体的第一颈椎沿胸椎、腰椎直至腰荐结合处剥离取下背腰最长肌（眼肌） **修整说明**：修净筋膜，根据加工要求把通脊分割成腰脊眼肉、肩胛眼肉、前 1/4 胴体眼肉、脊排眼肉、肩脊排眼肉

畜禽屠宰操作规程 羊

1 范围

本标准规定了羊屠宰的术语和定义、宰前要求、屠宰操作规程和要求、冷却、分割、冻结、包装、标签、标志和储存及其他要求。

本标准适用于羊屠宰厂（场）的屠宰操作。

2 规范性引用文件

下列文件对于本文件的应用是必不可少的。凡是注日期的引用文件，仅注日期的版本适用于本文件。凡是不注日期的引用文件，其最新版本（包括所有的修改单）适用于本文件。

GB/T 191 包装储运图示标志

GB/T 5737 食品塑料周转箱

GB/T 9961 鲜、冻胴体羊肉

GB 12694 食品安全国家标准 畜禽屠宰加工卫生规范

GB 18393 牛羊屠宰产品品质检验规程

GB/T 19480 肉与肉制品术语

NY/T 1564 羊肉分割技术规范

NY/T 3224 畜禽屠宰术语

农业部令第 70 号 农产品包装和标识管理办法

农医发〔2010〕27 号 附件 4 羊屠宰检疫规程

农医发〔2017〕25 号 病死及病害动物无害化处理技术规范

3 术语和定义

GB 12694、GB/T 19480 和 NY/T 3224 界定的以及下列术语和定义适用于本文件。

3.1

羊屠体 sheep and goat body

114

羊宰杀放血后的躯体。

3.2

羊胴体　sheep and goat carcass
羊经宰杀放血后去皮或者不去皮（去除毛），去头、蹄、内脏等的
躯体。

3.3

白内脏　white viscera
白脏
羊的胃、肠、脾等。

3.4

红内脏　red viscera
红脏
羊的心、肝、肺等。

3.5

同步检验　synchronous inspection
　　与屠宰操作相对应，将畜禽的头、蹄（爪）、内脏与胴体生产线同步
运行，由检验人员对照检验和综合判断的一种检验方法。

4　宰前要求

4.1　待宰羊应健康良好，并附有产地动物卫生监督机构出具的动物检疫
合格证明。
4.2　宰前应停食静养 12h～24h，并充分给水，宰前 3h 停止饮水。待宰
时间超过 24h 的，宜适量喂食。
4.3　屠宰前应向所在地动物卫生监督机构申报检疫，按照农医发〔2010〕
27 号　附件 4 和 GB 18393 等实施检疫和检验，合格后方可屠宰。
4.4　宜按"先入栏先屠宰"的原则分栏送宰，按户进行编号。送宰羊通
过屠宰通道时，按顺序赶送，不得采用硬器击打。

5　屠宰操作程序和要求

5.1　致昏

5.1.1　宰杀前应对羊致昏，宜采用电致昏的方法。羊致昏后，应心脏跳

动，呈昏迷状态，不应致死或反复致昏。

5.1.2　采用电致昏时，应根据羊品种和规格适当调整电压、电流和致昏时间等参数，保持良好的电接触。

5.1.3　致昏设备的控制参数应适时监控，并保存相关记录。

5.2　吊挂

5.2.1　将羊的后蹄挂在轨道链钩上，匀速提升至宰杀轨道。

5.2.2　从致昏挂羊到宰杀放血的间隔时间不超过 1.5 min。

5.3　宰杀放血

5.3.1　宜从羊喉部下刀，横向切断三管（食管、气管和血管）。

5.3.2　宰杀放血刀每次使用后，应使用不低于 82℃的热水消毒。

5.3.3　沥血时间不应少于 5 min。沥血后，可采用剥皮（5.4）或者烫毛、脱毛（5.5）工艺进行后序操作。

5.4　剥皮

5.4.1　预剥皮

5.4.1.1　挑裆、剥后腿皮

环切跗关节皮肤，使后蹄皮和后腿皮上下分离，沿后腿内侧横向划开皮肤并将后腿皮剥离开，同时将裆部生殖器皮剥离。

5.4.1.2　划腹胸线

从裆部沿腹部中线将皮划开至剑状软骨处，初步剥离腹部皮肤，然后握住羊胸部中间位置皮毛，用刀沿胸部正中线划至羊脖下方。

5.4.1.3　剥胸腹部

将腹部、胸部两侧皮剥离，剥至肩胛位置。

5.4.1.4　剥前腿皮

沿羊前腿趾关节中线处将皮挑开，从左右两侧将前腿外侧皮剥至肩胛骨位置，刀不应伤及屠体。

5.4.1.5　剥羊脖

沿羊脖喉部中线将皮向两侧剥离开。

5.4.1.6　剥尾部皮

将羊尾内侧皮沿中线划开，从左右两侧剥离羊尾皮。

5.4.1.7　捶皮

手工或使用机械方式用力快速捶击肩部或臀部的皮与屠体之间部位，使皮与屠体分离。

5.4.2　扯皮

采用人工或机械方式扯皮。扯下的皮张应完整、无破裂、不带膘肉。屠体不带碎皮，肌膜完整。扯皮方法如下：

a) 人工扯皮：从背部将羊皮扯掉，扯下的羊皮送至皮张存储间。

b) 机械扯皮：预剥皮后的羊胴体输送到扯皮设备，由扯皮机匀速拽下羊皮，扯下的羊皮送至皮张存储间。

5.5 烫毛、脱毛

5.5.1 烫毛

沥血后的羊屠体宜用 65℃～70℃ 的热水浸烫 1.5 min～2.5 min。

5.5.2 脱毛

烫毛后，应立即送入脱毛设备脱毛，不应损伤屠体。脱毛后迅速冷却至常温，去除屠体上的残毛。

5.6 去头、蹄

5.6.1 去头

固定羊头，从寰椎处将羊头割下，挂（放）在指定的地方。剥皮羊的去头工序在 5.4.1.7 后进行。

5.6.2 去蹄

从腕关节切下前蹄，从跗关节处切下后蹄，挂（放）在指定的地方。

5.7 取内脏

5.7.1 结扎食管

划开食管和颈部肌肉相连部位，将食管和气管分开。把胸腔前口的气管剥离后，手工或使用结扎器结扎食管，避免食管内容物污染屠体。

5.7.2 切肛

刀刺入肛门外围，沿肛门四周与其周围组织割开并剥离，分开直肠头垂直放入骨盆内；或用开肛设备对准羊的肛门，将探头深入肛门，启动开关，利用环形刀将直肠与羊体分离。肛门周围应少带肉，肠头脱离括约肌，不应割破直肠。

5.7.3 开腔

从肷部下刀，沿腹中线划开腹壁膜至剑状软骨处。下刀时，不应损伤脏器。

5.7.4 取白脏

采用以下人工或机械方式取白脏：

a) 人工方式：用一只手扯出直肠，另一只手伸入腹腔，按压胃部同时抓住食管将白脏取出，放在指定位置。保持脏器完好。

b) 机械方式：使用吸附设备把白脏从羊的腹腔取出。

5.7.5 取红脏

采用以下人工或机械方式取红脏：

a) 人工方式：持刀紧贴胸腔内壁切开膈肌，拉出气管，取出心、

肺、肝，放在指定的位置。保持脏器完好。

    b）机械方式：使用吸附设备把红脏从羊的胸腔取出。

5.8　检验检疫

    同步检验按照 GB 18393 的规定执行，同步检疫按照农医发〔2010〕27 号　附件 4 的规定执行。

5.9　胴体修整

    修去胴体表面的淤血、残留腺体、皮角、浮毛等污物。

5.10　计量

    逐只称量胴体并记录。

5.11　清洁

    用水洗、燎烫等方式清除胴体内外的浮毛、血迹等污物。

5.12　副产品整理

5.12.1　副产品整理过程中不应落地。

5.12.2　去除副产品表面污物，清洗干净。

5.12.3　红脏与白脏、头、蹄等加工时应严格分开。

6　冷却

6.1　根据工艺需要对羊胴体或副产品冷却。冷却时，按屠宰顺序将羊胴体送入冷却间，胴体应排列整齐，胴体间距不少于 3cm。

6.2　羊胴体冷却间设定温度 0℃～4℃，相对湿度保持在 85％～90％，冷却时间不应少于 12h。冷却后的胴体中心温度应保持在 7℃以下。

6.3　副产品冷却后，产品中心温度应保持在 3℃以下。

6.4　冷却后检查胴体深层温度，符合要求的方可进入下一步操作。

7　分割

    分割加工按 NY/T 1564 的要求进行。

8　冻结

    冻结间温度为－28℃以下。待产品中心温度降至－15℃以下时转入冷藏间储存。

9　包装、标签、标志和储存

9.1　产品包装、标签、标志应符合 GB/T 191、GB/T 5737、GB 12694 和农业部令第 70 号等的相关要求。

9.2　分割肉宜采用低温冷藏。储存环境与设施、库温和储存时间应符合

GB/T 9961、GB 12694 等相关标准要求。

10 其他要求

10.1 屠宰供应少数民族食用的羊产品，应尊重少数民族风俗习惯，按照国家有关规定执行。

10.2 经检验检疫不合格的肉品及副产品，应按 GB 12694 的要求和农医发〔2017〕25 号的规定执行。

10.3 产品追溯与召回应符合 GB 12694 的要求。

10.4 记录和文件应符合 GB 12694 的要求。

羊屠宰工艺技术路线图

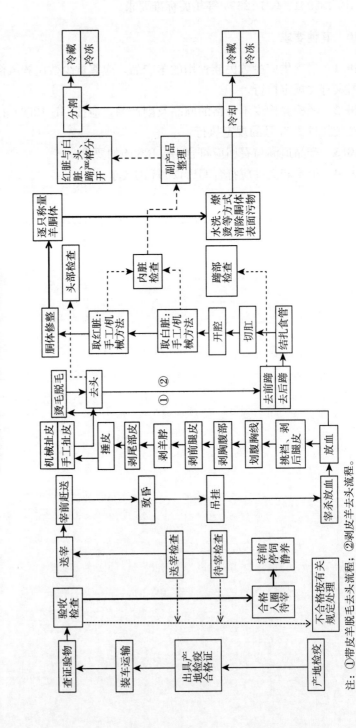

注：①带皮羊脱毛去头流程；②剥皮羊去头流程。

主 要 参 考 文 献

陈甜，肖海峰，2016. 中国羊肉消费状况及影响因素研究［J］. 中国畜牧杂志，52
　（12）：15 - 20.

陈耀星，2013. 动物解剖学彩色图谱［M］. 北京：中国农业出版社.

董常生，2015. 家畜解剖学［M］. 5 版. 北京：中国农业出版社.

范永青，2017. 羊棘球蚴病的病因、临床表现、实验室诊断及其防治［J］. 现代畜牧
　科技（10）：121.

高海元，2016. 牛羊定点屠宰检疫存在的问题及探索［J］. 中国畜牧兽医文摘，32
　（6）：17.

李慎龙，杨一，2015. 羊小反刍兽疫疫病的防治［J］. 农民致富之友（8）：236、156.

梁小梅，2017. 屠宰检疫中"三腺"的管理与处置［J］. 当代畜牧（2）：39 - 40.

梁自胜，孟令辉，2013. 浅议屠宰检疫中"三腺"的管理与处置［J］. 现代农业
　（2）：95.

江馗语，2013. 羊痒病研究进展［J］. 现代畜牧兽医（3）：45 - 47.

罗欣，2013. 冷却牛肉加工技术［M］. 北京：中国农业出版社.

滕可导，2005. 家畜解剖学与组织胚胎学［M］. 北京：高等教育出版社.

王世良，陈建稳，2016. 羊只屠宰检疫小反刍兽疫检查规范及技术要点［J］. 当代畜
　牧（3）：55 - 56.

熊本海，恩和，等，2012. 绵羊实体解剖学图谱［M］. 北京：中国农业出版社.

闫祥林，任晓镁，刘瑞，等，2018. 不同屠宰方式对新疆多浪羊肉品质的影响［J］.
　食品科学（1）：73 - 78.

赵明辉，白长海，张宝辉，等，2013. 羊痒病的诊断及防控要点［J］. 畜牧与饲料科
　学，34（9）：105 - 106.

周变华，王宏伟，张旻，2017. 山羊解剖组织彩色图谱［M］. 北京：化学工业出版社.

彩图1　吊挂

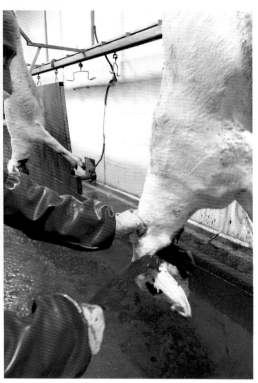

彩图2　宰杀放血

彩图3　沥血

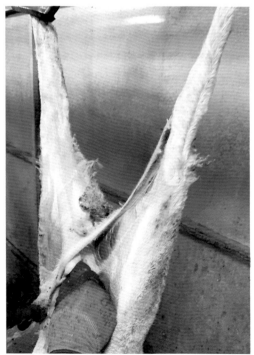

彩图4　剥后腿皮

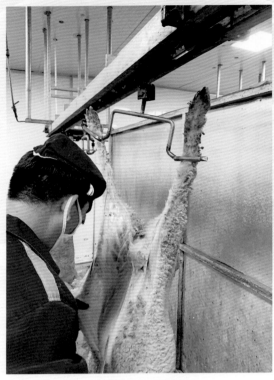

彩图5　划腹胸线

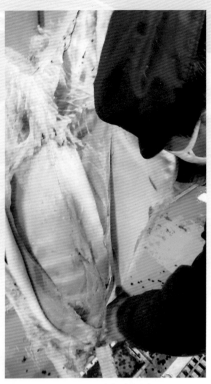

彩图6　剥胸腹部皮

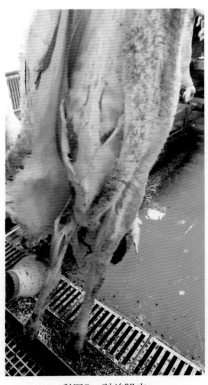

彩图7　剥前腿皮

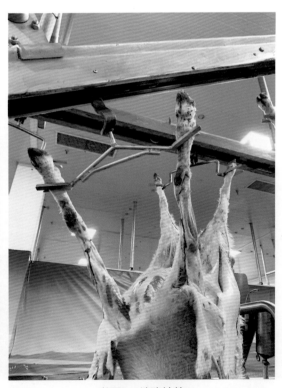

彩图8　前蹄转挂

彩图9　剥颈部皮

彩图10　剥尾部皮

彩图11　捶皮

彩图12　机械扯皮

彩图13　去头

彩图14　去后蹄

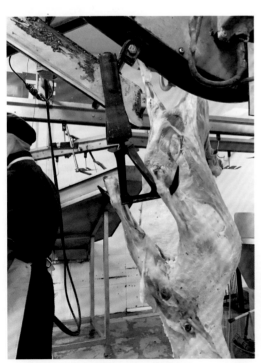

彩图15　转挂后腿

彩图16　去前蹄

彩图17　分离食管和气管

彩图18　结扎食管

彩图19　切肛

彩图20　开腔

彩图21　取白脏　　　　　　　　　　　　彩图22　取红脏

彩图23　内脏检验　　　　　　　　　　　彩图24　摘除甲状腺

彩图25　摘除肩前淋巴结　　　　　　　　彩图26　摘除腹股沟淋巴结

彩图27　胴体修整　　　　　　　　　　　彩图28　去尾油

彩图29　去腰油

彩图30　冲　洗